KB252823

버섯 기르기

오성출판사

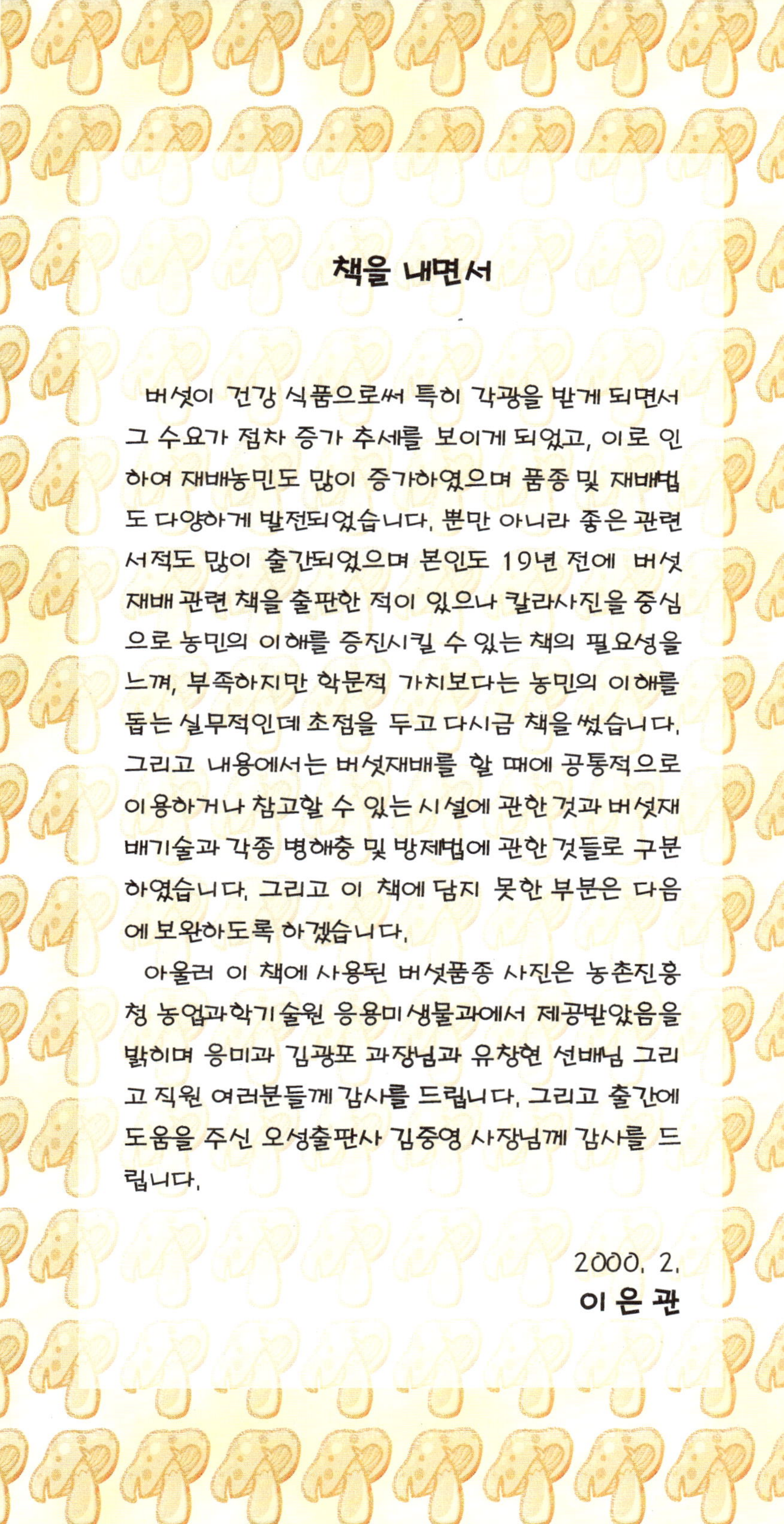

책을 내면서

버섯이 건강 식품으로써 특히 각광을 받게 되면서 그 수요가 점차 증가 추세를 보이게 되었고, 이로 인하여 재배농민도 많이 증가하였으며 품종 및 재배법도 다양하게 발전되었습니다. 뿐만 아니라 좋은 관련 서적도 많이 출간되었으며 본인도 19년 전에 버섯 재배 관련 책을 출판한 적이 있으나 칼라사진을 중심으로 농민의 이해를 증진시킬 수 있는 책의 필요성을 느껴, 부족하지만 학문적 가치보다는 농민의 이해를 돕는 실무적인데 초점을 두고 다시금 책을 썼습니다. 그리고 내용에서는 버섯재배를 할 때에 공통적으로 이용하거나 참고할 수 있는 시설에 관한 것과 버섯재배기술과 각종 병해충 및 방제법에 관한 것들로 구분하였습니다. 그리고 이 책에 담지 못한 부분은 다음에 보완하도록 하겠습니다.

아울러 이 책에 사용된 버섯품종 사진은 농촌진흥청 농업과학기술원 응용미생물과에서 제공받았음을 밝히며 응미과 김광포 과장님과 유창현 선배님 그리고 직원 여러분들께 감사를 드립니다. 그리고 출간에 도움을 주신 오성출판사 김중영 사장님께 감사를 드립니다.

2000. 2.

이 은 관

목 차

느타리 버섯 기르기

팽이 버섯 기르기

버섯 재배 시설

대한버섯연구소 전경

사진은 대한버섯연구소의 1988년도의 모습이며 1974년 3월 3일에 설립된 대한버섯연구소는 허가된 버섯종균 배양소로서 각종 버섯의 종균을 생산하여 농가에 보급하고 있으며, 버섯재배도 농가와 같이 실제로 하고 있는 곳이다. 뿐만 아니라 버섯재배 농가에 새로운 버섯재배 기술, 병해충 방제 및 구제법, 재배사의 시설 및 설비 등 각종 버섯재배에 관한 기술을 상담 및 지도해 주고 있으며, 아울러 버섯 품종의 육종과 새로운 재배법을 개발하고 있다. 또한 버섯에 관련한 각종 시험 및 연구를 위탁받아 연구도 대행해 주는 민간 연구소이다.

1) 필자와 V형강
   비닐하우스
   골조
2) 파이프 비닐
   하우스 골조
3) 2중 비닐하우스

비닐하우스 골조

버섯 재배사는 건축구조물에 따라 영구 재배사와 간이 재배사로 나눌 수 있는데 비닐하우스는 간이 재배사이다. 비닐 하우스의 골조는 **사진 1)**과 같은 V형강의 골조와 **사진 2)**와 같은 파이프 골조나 목재 등 여러 가지 재료가 있다. 일반적으로 **사진 2)**와 같이 아연도금의 파이프를 많이 사용하고 있으며 단열 및 피복재료는 보온 덮개, 유리 솜, 석면, 카시미론 솜, 스치로폴 등이 있으며 비닐과 비닐 사이에 단열재를 넣고 마감재로는 대개가 보온 덮개를 사용한다. 그리고 바닥은 시멘트 등으로 포장을 하는 것이 좋으며 창문과 출입구는 환기와 작업능률을 고려하여 결정하는 것이 좋다. 그리고 **사진 3)**은 2중으로 하우스 골조를 하고 속의 골조는 비닐 및 단열재로 마감을 하여 겉의 하우스는 계절에 따라 여름철에는 차광망만 쳐서 그늘을 만들어 시원하게 해주고 겨울철에는 차광망 위에 비닐을 덧씌워줘 따뜻하게 해주면 냉난방비가 절약될 수 있는 2중 하우스이다.

영구 재배사

　버섯 재배사는 건축구조물에 따라 영구 재배사와 간이 재배사로 나눌 수가 있으며 사진 1)은 일본의 버섯재배회사의 영구 재배사이고 사진 2)는 국내의 조립식 판넬로 지은 영구 재배사이다. 영구 재배사는 완전 건축물이므로 한번 지으면 간이 재배사와 같이 고치기가 어렵다. 따라서 처음 설계 때부터 철저한 준비가 따라야 한다. 특히 고려할 사항은 어떠한 버섯을 재배할 것인지 재배품목에 따라 그 특성에 맞게 설계 및 시공되어야 하므로 사전에 많은 정보를 입수하고 예상되는 문제점을 충분히 고려하여 결정하며 냉·난방 시설, 가습 및 환기시설, 배관, 급수 및 배수 시설, 전기배관, 자동화 시설 등 부대시설도 처음부터 설계 및 시공에 포함시키는 것이 중요하다.

재배사 바닥 기초

　재배사 바닥은 미리 필요한 배수구, 환기 닥트, 급수배관, 전기배관, 바닥 레일 등 버섯재배에 필요한 기초설비를 고려하며 설비를 먼저하고 재배 중에 각종 작업중량에 견딜 수 있도록 철근 콘크리트로 튼튼하게 시공한다. 그리고 바닥의 마감은 각종 곰팡이나 세균이 서식하지 못하도록 요철없이 매끈하게 해주며 바닥에 물이 고이지 않도록 배수가 잘 되도록 해준다.

배전함

  버섯재배사의 각종 기계를 자동제어하기 위해서 작업실, 배양실, 생육실에 전기를 보내주고 차단하는 배전장치가 필요하며 이를 잘 정돈하여 설치한 것이 배전함이다.

접종실

  사진 1)은 에어샤워실이고, 사진 2)는 무균설비가 된 종균 접종실이다. 접종실은 사진과 같이 무균화시켜 청정하게 관리하고 작업자도 사진과 같이 방진복을 착용하고 에어샤워실에서 작업자의 몸에 묻어있는 잡균 및 각종 해균의 포자 등을 털어내고 들어가 가장 중요한 종균접종 작업시에 잡균의 오염을 예방해야 한다.

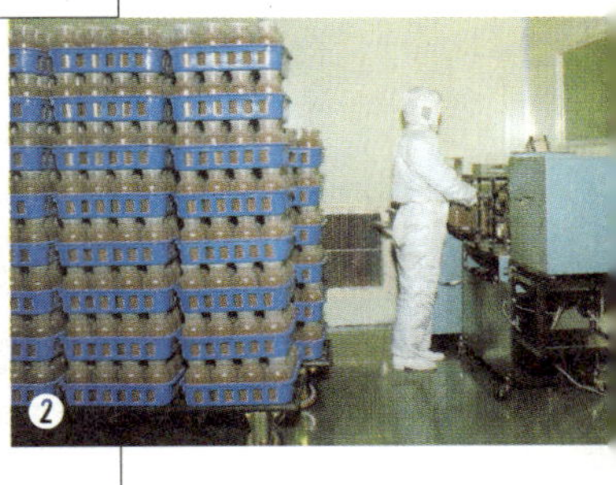

배양실과 발이실

사진 1)은 배양실의 모습이며 많은 배지를 배양할 수 있도록 콘테이너를 직접 쌓아 균을 배양하므로 생육실과 같은 선반이 없다. 또한 온도 및 습도와 환기를 조절할 수 있도록 냉·난방 시설과 가습기를 설치하고 환기 닥트를 설치하며 잡균의 오염을 방지하기 위하여 가능하면 청정관리 시설을 하여 무균상태로 유지하는 것이 좋다.

사진 2)는 발이실이다. 발이실은 사진과 같이 선반을 매어 병과 병 사이를 띄어 놓아 버섯의 싹이 트는데 도움이 되도록 하고 싹을 틔우기에 적당한 온도, 습도 및 환기를 조절할 수 있도록 여러 가지 시설을 한다.

1) 배양실
2) 발이실

혼합형 억제기

방 법

팽이 재배에 있어서 억제는 매우 중요한 재배 과정 중의 하나로써 빛으로 하는 광억제와 바람으로 하는 풍억제가 있다. 대개는 고정으로 형광등을 설치하고 형광등을 일정시간 켜주었다가 꺼주기를 반복하거나 형광등을 모터를 이용하여 앞뒤로 왕복 이동시켜 억제하는 광(光)억제가 있으며 휀을 일정하게 왕복하면서 바람을 표면에 불어 주어 억제하는 풍(風)억제가 있다. 사진은 팽이버섯의 생육이 균일해지도록 하는 억제를 함에 있어서 광(光), 풍(風) 두가지를 혼합한 시설로써 사용할 때는 한꺼번에 두가지를 같이 사용하거나 필요에 따라 한가지만 사용하는 혼합형 억제 시설로써 실제로 설치할 때는 이와 같은 혼합형 억제 시설이 유용하다.

1) 수확기 버섯
2) 입상하는
   생육실
3) 생육실의
   가습과 필자

정상적으로 자란
병재배 버섯의 생육실

사진 1)은 생육실에서 자란 정상적인 버섯의 수확기 모습이며 사진 2)는 일부는 생육실에서 자라고 있고 일부는 새롭게 입상하는 모습이다. 사진 3)은 필자가 초음파 가습기에서 나오는 수증기로 인해 얼굴이 희미하게 보일 정도로 가습되고 있는 생육실의 모습이다.

버섯의 생육실은 온도, 습도, 환기, 광 등을 조절할 수 있도록 시설이 되어야만 하고 특히 느타리버섯, 만가닥버섯 등은 광을 주어 버섯의 색을 조절하여 상품의 품질을 높이고 팽이버섯의 일부 품종은 광으로 생육억제를 하기도 한다. 그리고 광은 가능한 자연광이 좋으나 인위적으로 실내의 조도를 조절하기 위해서는 형광등도 괜찮다.

생육실

  사진과 같이 버섯의 생육실은 온도, 습도, 환기, 광 등을 조절할 수 있도록 시설이 되어야만 한다. 그리고 팽이버섯의 일부 품종은 광으로 생육억제를 하기도 하므로 인위적으로 실내의 조도를 조절하기 위한 시설로써 형광등을 설치하나 광은 가능한 자연광이 좋다. 그리고 선반은 대차식으로 이동이 편리하도록 바퀴를 달아 사용하면 공간의 효율적 이용과 작업 효율을 높일 수 있다.

1) 배합기
2) 배합기 부착
   톱밥 넣는 장치
3) 배합기에
   톱밥을 넣는
   페로이더

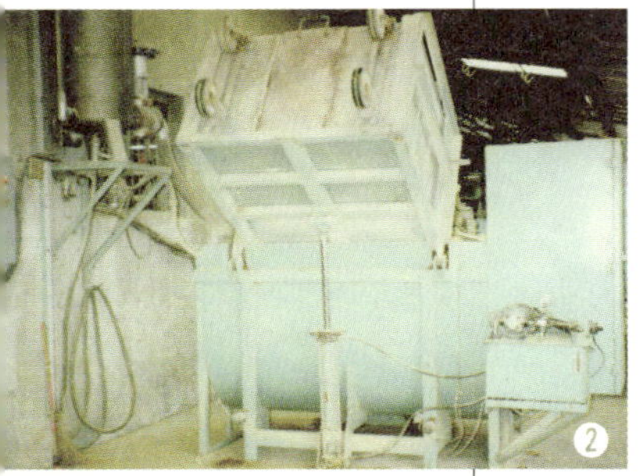

배합기

　배지원료를 잘 섞고 수분함량을 고르게 하기 위해서 배합기를 사용한다. 사진 1)은 일반적으로 버섯재배에 많이 사용하는 톱밥배지용 배합기로 배합기 안에 스크류가 돌아가 배합을 하도록 되어 있다. 사진 2)는 톱밥 및 영양제같은 배지원료를 배합기에 힘들이지 않고 쏟아 넣도록 만든 공압 또는 유압 장치이다. 또한 들려져 있는 통은 바퀴가 달려 있어 원료가 들어 있는 통을 운반할 때 배합기까지 끌고 다닐 수 있도록 되어 있어 매우 편리하며 배합기까지 끌고 온 통은 배합기에 붙어있는 공압 또는 유압장치에 의해 통을 거꾸로 들어올려 쏟아 붓는 형태로써 간편한 장치이다. 사진 3)은 페로이더로 톱밥을 배합기에 넣는 모습이다.

광조절

  버섯의 생육실은 온도, 습도, 환기, 광 등을 조절할 수 있도록 시설이 되어야만 하고 특히 느타리버섯, 만가닥버섯 등은 광을 주어 버섯의 색을 조절하여 상품의 품질을 높이고 팽이버섯의 일부 품종은 광으로 생육억제를 하기도 한다. 그리고 광은 가능한 자연광이 좋으나 인위적으로 실내의 조도를 조절하기 위해서는 사진과 같이 형광등으로 조절하여도 괜찮다.
  대부분의 버섯은 빛을 많이 받으면 버섯갓의 색이 진해지고 빛을 덜 받는 어두운 곳에서 자라면 버섯갓의 색이 옅어진다.

가습장치

사진 1)은 초음파 가습기로써 가습이 되고 있는 모습이며 이동장치가 되어 있어 앞뒤로 자유롭게 이동할 수 있도록 되어 있는 것도 있으며 사진과 같이 고정식으로 가습기에서 나오는 수증기를 분배 호스를 통하여 가습의 범위를 확대하는 방법도 있다. 급수는 급수호수로 자동급수하며, 천장에 붙어있는 P.V.C 파이프는 환기용 닥트이다. 실내의 광조절은 형광등으로 하고 있다. 사진 2)는 재배사 내부에 우레탄과 같은 단열재로 단열시공을 하고 가습기는 천장에 달아 가습이 실내 전체에 고루 분산되도록 한 것이며 굵은 P.V.C 파이프는 환기를 위한 닥트이고 천장에 매여 있는 쿨러는 냉방을 위한 것이다.

1) 가습 장치
2) 가습, 환기, 냉방장치

실내공기 순환장치

사진 1)은 표고버섯 균의 배양실이며 재배사내의 상하 온도편차를 줄이고 균일한 온도를 유지하기 위하여 재배사 상단의 공기를 비닐 닥트를 이용해 아래 바닥쪽으로 순환시키고 있는 모습이다. 사진 2)는 팽이버섯 생육실이며 생육 중의 실내공기의 상하 온도편차를 줄여 균일한 온도를 유지하고 균일한 생육을 위한 억제를 위하여 재배사내의 공기를 순환시키고 있다. 이렇게 상하의 공기를 순환시킴으로써 온도편차도 줄이고 재배사내의 탄산가스 농도도 균일하게 유지할 수 있다.

콘베이어 이송장치

1) 수평이동식
   콘베이어
2) 접철식
   콘베이어
3) 상승식
   콘베이어
4) 수평이동식
   콘베이어

자동화 시설에서 일반적으로 배지나 재배병 등을 운반이나 이송에 이용하는 방법으로 운반 기구에 바퀴를 부착하여 끌고 다니거나 콘베이어를 이용한 이송이 많다. 사진 1)은 살균솥에서 살균된 배지를 콘테이너 채로 냉각 및 종균 접종실로 이송하는 수평이동 콘베이어 장치이다. 사진 2)는 접철식 콘베이어로써 콘베이어를 늘였다 줄였다 할 수 있고 이동하여 간단히 현장 사정에 맞게 설치할 수 있는 장점이 있다. 사진 3)은 물건을 수직으로 이동시킬 때 많이 사용하며 배합된 배지를 배합기에서 입병기에 보낼 때 이용한다. 사진 4)도 수평이동식이지만 고무벨트가 V자형으로 되어 있어 탈병된 배지를 흘리지 않고 폐배지 수거함에 모을 때 많이 이용한다. 따라서 용도에 맞게 이송장치를 잘 연결하면 자동화 설비를 효과적으로 할 수 있다.

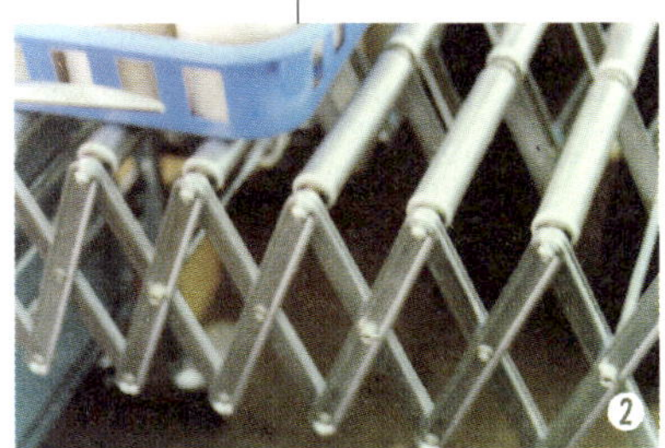

톱밥 이송장치

　자동화 시설에서 일반적으로 배지나 재배 병 등을 운반이나 이송에 이용하는 방법으로 운반기구에 바퀴를 부착하여 끌고 다니거나 콘베이어를 이용한 이송이 많다. 사진은 배합된 배지를 배합기에서 여러 개의 연결된 입병기에 보낼 때 이용한다.

무균상자(크린벤치)

　사진은 무균상자에서 버섯균을 접종하는 모습이다. 무균상자는 헤파필터로 공기를 여과하여 공기중의 세균과 곰팡이 등 미생물을 여과하고 깨끗한 공기를 상자 안으로 불어넣어 공기압에 의하여 상자 안으로 실내의 오염된 공기가 침입하지 못하도록 하여 상자 내에서의 작업이 무균 상태에서 이루어지도록 되어진 작업대이다. 따라서 미생물의 접종을 무균상태로 하려면 반드시 이 작업대를 이용하여야 오염을 막을 수 있다.

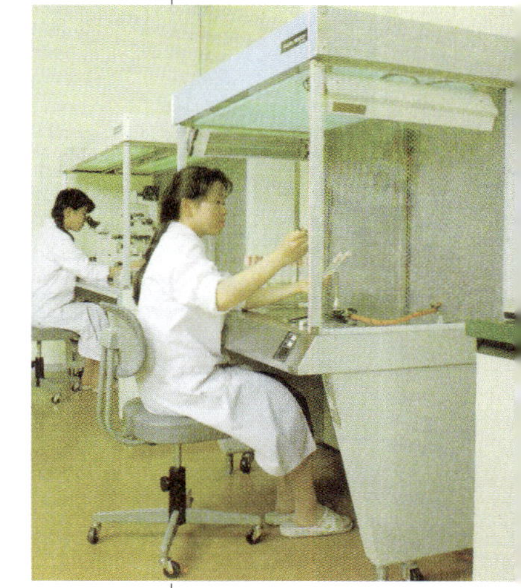

봉지 입병기

　톱밥과 같은 배지를 봉지에 넣고 가운데 종균 접종 구멍까지 뚫을 수 있는 봉지 입병기로써 주로 표고버섯 톱밥 재배에 많이 사용하나 느타리 등 다른 버섯 재배에도 사용이 가능하다. 사진 1)의 봉지 입병기는 회전형으로써 배지용량이 1.2kg이며 시간당 1,200봉지 정도 입봉이 가능하다. 그리고 사진 2)는 고정식으로 배지용량이 2.4kg이며 시간당 4~500봉지 입봉이 가능하다.

1) 회전식 원형
　봉지 입봉기
2) 고정식 사각
　봉지 입봉기

자동 입병기

　병 재배에서 배합된 배지를 재배 병에 넣고 병마개를 닫고 살균하고 종균을 접종하는 재배의 전과정을 자동적으로 연속하여 기계로 작업하는 것을 버섯재배 자동화시설이라고 한다. 그 중에서 사진 1)은 자동 입병기로써 콘테이너에 담겨있는 16개의 재배 병에 배합된 배지를 한번에 자동으로 넣고 병마개를 닫는 기계이며 사진 3)은 입병기 한 조를 설치하고 그 앞에 콘베이어를 연결하여 살균을 위하여 살균 솥으로 이송하는 과정이다. 사진 2)는 다수의 입병기를 연결하여 대량생산체계를 갖춘 모습으로 자동 배지원료 급여 장치, 살균 솥으로 이송하는 콘베이어장치 등을 체계적으로 연결한 대량생산시설이다.

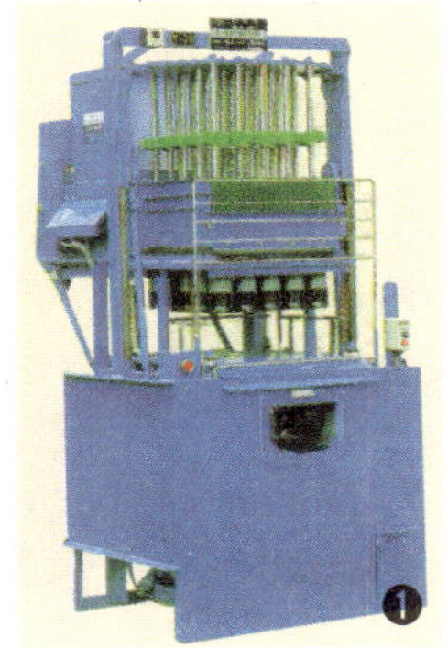

1) 자동 입병기
2) 자동 입병기의
　연결 설치
3) 자동 입병기의
　조별 설치

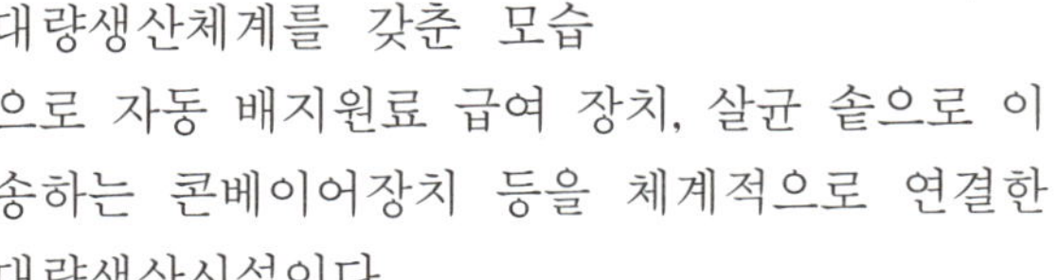

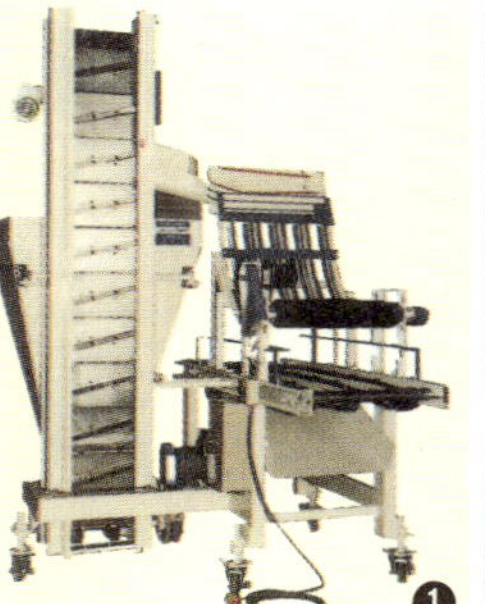

자동 뚜껑 막기

사진 1)은 자동으로 재배 병의 뚜껑을 막는 기계의 전체적인 모습이며 사진 2)는 자동으로 재배 병의 뚜껑을 막는 주요부분의 확대 사진이다.

살균 솥

살균은 고압 살균, 상압 살균, 저온 살균 등이 있으며 일반적으로 종균 제조시는 121℃의 수증기로 고압 살균을 하며 버섯 재배시는 100℃의 상압 살균을 한다. 저온 살균은 비닐 하우스에서 균상 재배를 할 때에 흔히 하는 살균으로 60~70℃로 한다. 사진은 고압 살균기로써 1회에 850cc병 5,000병을 살균할 수 있는 용량이며 필요시에 여러 개를 함께 설치하여 사용할 수 있다.

종균 자동 접종기

　종균 자동 접종기는 병 재배 및 종균제조를 할 때 살균된 배지에 종균 또는 접종원을 접종하는 것을 자동적으로 연속하여 할 수 있는 기계이다. 그 중에서 사진 1)은 로터리식 접종기로써 종균을 1병씩 접종하는 접종기이고 사진 3)은 한번에 2병씩 접종하는 접종기이며 사진 2)는 한번에 4병씩 동시에 접종할 수 있는 접종기이다.

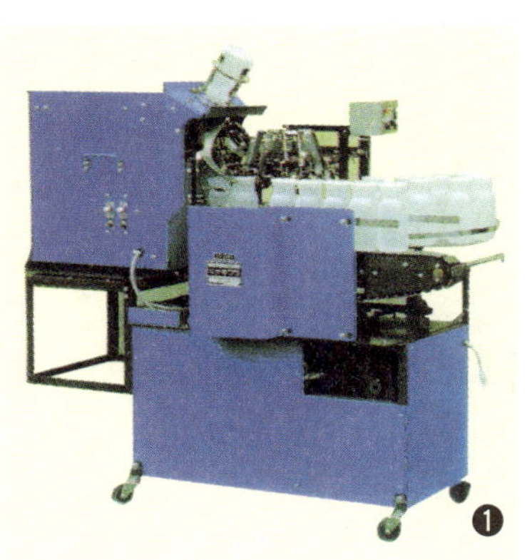

1) 로터리식
　자동 접종기
2) 4구 자동
　접종기
3) 2구 자동
　접종기

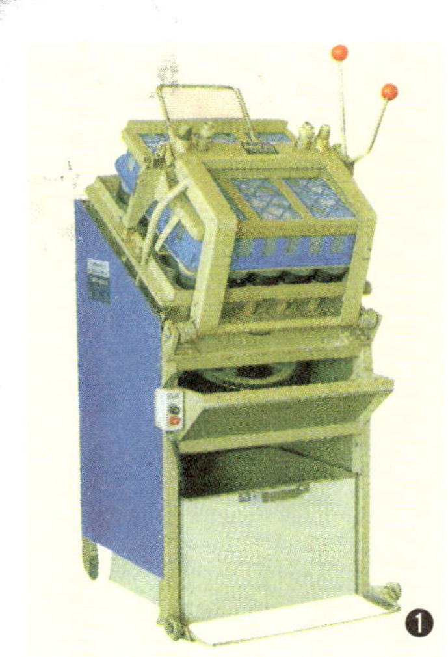

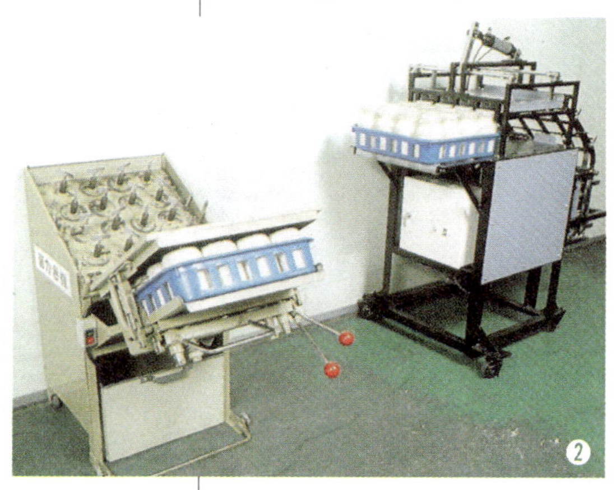

반자동 균긁기

특 징

배양이 완료되면 배지 표면의 노화된 종균을 긁어내고 활력있는 배지의 균사로부터 원기가 형성하도록 배지의 표면을 긁어주는 작업을 하여야 한다. 이때 이 작업을 하는 기계를 균긁기라고 한다. 보통 반자동과 전자동이 있는데 사진 1)은 반자동 기계이며 사진 2)중에서 왼쪽은 균긁기이고 오른쪽은 뚜껑을 한꺼번에 여는 기계이다. 이 기계는 16병이 담긴 콘테이너를 한 콘테이너씩 사람이 넣어주고 균긁기를 하고 끝나면 다시 빼주는 형태로써 균긁기에 넣어주고 빼는 작업을 사람이 한다는 불편함이 있으나 기계의 가격이 저렴하고 16병을 동시에 균긁기를 할 수 있어 작업의 편이성과 균일성으로 가장 많은 농가에서 사용하는 기계이다.

탈병기

  사진은 재배가 끝
난 후 폐배지를 버리
고 재배 병을 재사용
하기 위하여 병에서
배지를 꺼내는 작업
인 탈병을 하는 기계
이다. 콘테이너 단위

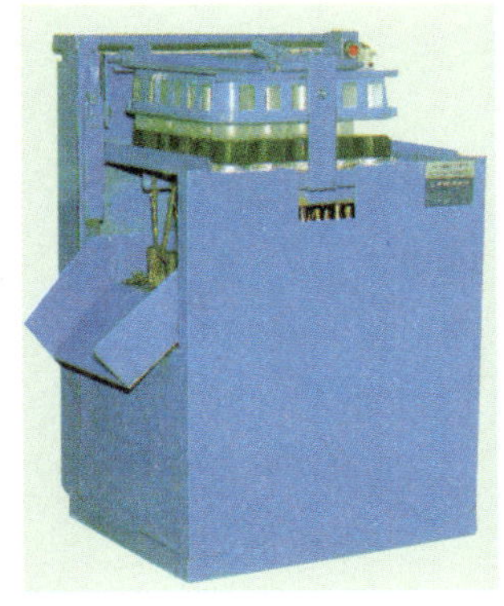

로 탈병하며 탈병된 폐배지는 콘베이어로 이송
하여 폐배지 적치장으로 보내도록 설계하면 작
업의 효율을 높일 수 있다.

탈면기

  사진은 탈면기로써 솜 재배
를 할 때에 솜을 틀어 부드럽
고 공극률이 좋도록 하고 수분
조정을 할 수 있도록 고안된
장치이다. 탈면기를 가동하려
면 많은 동력이 필요하며 대개
는 경운기 동력을 이용한다.
탈면기가 없으면 경운기나 트

랙터에 로타리기를 부착하여 솜에 물을 뿌려
가면서 로타리를 치면 같은 효과를 낼 수 있다.

간이 물탱크

느타리버섯의 볏짚 배지를 조성할 때나 표고버섯의 침수 타목의 경우에 물탱크에 넣어 침수를 하게 되는데 일반적으로 철근 콘크리트나 철판으로 물탱크를 만들어 사용하지만 비용이 많이 들게 되므로 사진 1)과 같이 나무나 파이프로 틀을 짜고 비닐이나 천막을 깔아 간이로 물탱크를 만들거나 사진 2)와 같이 땅에 웅덩이를 파고 비닐이나 천막을 깔아 간이로 물탱크를 만들어 사용하는 경우가 있다. 이는 비용도 적게 들고 물탱크를 늘 사용하는 것이 아니므로 필요시에만 편리하게 만들어 사용하고 사용 후에는 곧 철거할 수 있어 효율적인 관리가 이루어진다.

1) 파이프 간이
   물탱크
2) 웅덩이 간이
   물탱크

버섯재배상자

　사진과 같이 조립식 상자에 배지를 넣어 버섯을 재배할 수 있으며 상자의 크기와 모양은 다양하다. 사진 1)은 재배상자를 쌓아놓은 모습이고 사진 2)는 재배상자에 버섯배지를 넣어 균사배양을 하고 있는 모습이다. 이러한 상자재배는 배지를 담은 채로 이동이 용이하므로 배양실과 생육실을 구분하고 배양실에서는 계속하여 버섯균사를 배양하고 배양이 완료된 배지는 생육실로 옮겨 버섯을 계속하여 생산한다면 좁은 재배 공간을 극대화할 수 있으며 냉·난방비도 절감할 수 있다. 따라서 이를 효과적으로 활용한다면 연중 계속 재배가 이루어질 수 있고 재배비용도 절감할 수 있는 장점이 있다.

버섯다발받침

특 징

  버섯다발받침은 버섯의 병 재배시에 버섯다발의 처짐을 방지하고 상품의 품질을 좋게 유도하기 위하여 재배 병 입구에 버섯이 어릴 때에 설치하는 것으로 통기성이 있고 버섯을 받쳐줄 수 있도록 고안된 P.V.C 재질의 받침대이다. 이것을 설치하면 버섯다발의 모양이 예쁘고 이웃한 병의 버섯과 붙임을 방지하며 수확하기가 편리하여 노동력을 절감할 수 있다.

랩 포장기

버섯의 품종에 따라 진공 포장기 또는 랩 포장기를 사용하나 일반적으로 팽이버섯을 제외한 대부분의 버섯은 랩 포장기를 많이 사용하고 있다. 사진과 같이 랩 포장기도 회사마다 모형과 성능이 각각 다르다. 사진과 같이 랩 포장만 되는 것, 포장에 라벨을 붙여주는 것, 포장해서 계근하여 라벨을 붙여주는 것 등 다양하다. 따라서 성능과 용도와 가격을 비교하여 자신의 처지에 알맞는 기계를 선택하는 것이 중요하다.

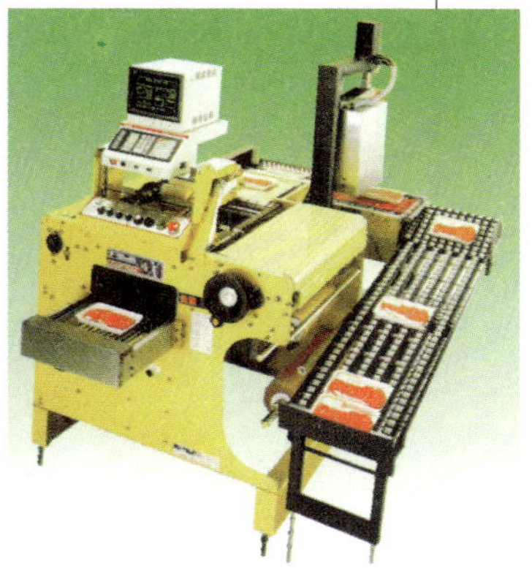

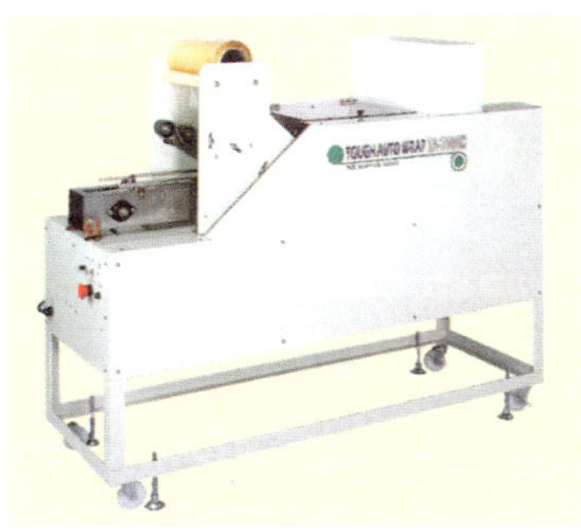

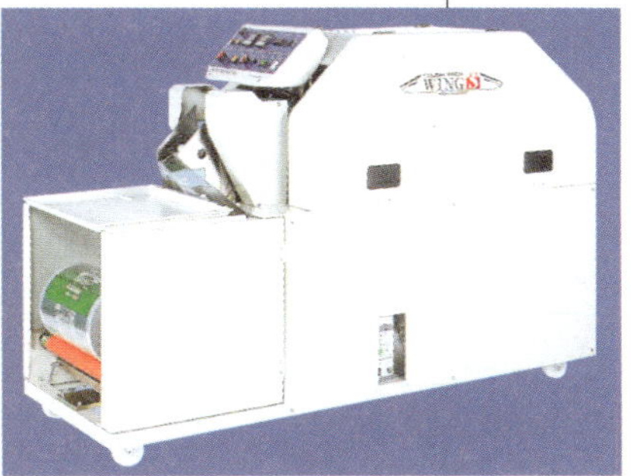

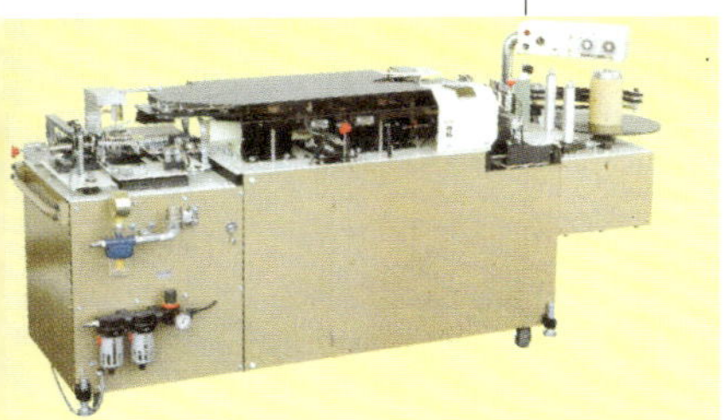

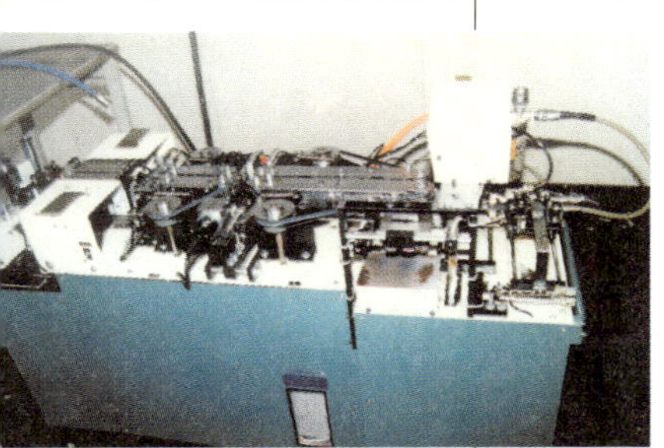

진공 포장기

버섯의 품종에 따라 진공 포장기 또는 랩 포장기를 사용하나 일반적으로 팽이 버섯은 진공 포장기를 많이 사용하고 있다. 사진은 연속적으로 포장할 수 있는 자동 연속 진공 포장기로써 회사마다 모형과 성능이 각각 다르다. 따라서 각기 자신의 처지에 알맞는 기계를 선택하는 것이 중요하다.

여러 가지 포장재료

사진은 용기, 랩, 비닐봉지, 나일론 봉지 등 여러 가지의 포장재료이다. 상품의 성격에 따라 포장재료의 선택은 매우 중요하다. 대개의 경우 버섯의 포장 재료로는 psp 그릇에 랩으로 포장하거나 나일론 진공 포장용 봉지로 진공포장을 한다. 이렇게 포장된 낱개는 단보루 박스에 일정한 숫자를 넣어 최종 마감 포장을 한다.

느타리 버섯 기르기

느타리버섯

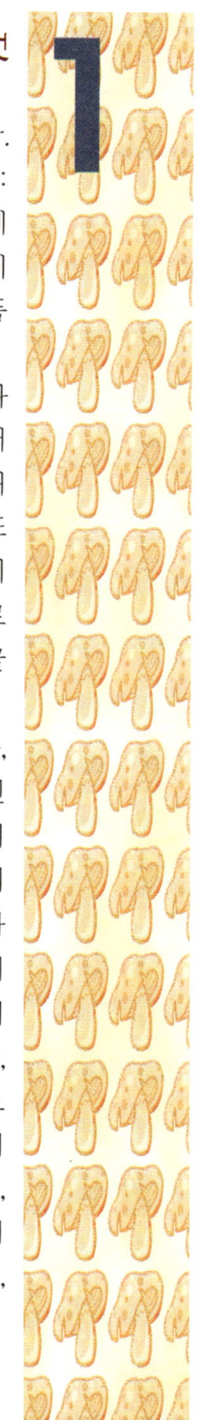

느타리버섯(*Pleurotus ostreatus(Jacq. ex Fr. Kummer*)은 분류학상으로는 담자 균류(擔子菌類: *Basidiomycetes*)의 송이버섯과 (*Tri-chomaceae*)에 느타리버섯속(*Pleurotus*)에 해당된다. 국내에서는 전체 버섯 생산량의 45%를 차지하는 재배버섯의 주요한 품목이며, 농가 소득의 주요한 작목이다.

느타리버섯은 자연계에서 죽은 활엽수에 자생하여 다발로 발생하는 목재 부후균으로써, 국내에서는 옛부터 미루나무, 버드나무, 포플러 등에서 재배하여 식용한 대표적인 버섯이다. 따라서 국내에서는 미루나무버섯 또는 버드나무버섯이라고 했으며, 일본에서는 그 모양이 평평하며, 부채꼴을 하고 있어 평이(Hiratake)라고 부르고, 구미에서는 그 맛과 모양이 "굴"과 같다고 하여 굴버섯(oyster mushroom)이라고 부르고 있다.

그리고 느타리버섯의 재배법은 미루나무, 버드나무, 포플러 등의 활엽수 원목을 이용한 재배법이 개발된 후, 뽕나무 가지와 과수의 전정 가지를 이용한 가지 재배법이 개발되었으나, 이런 재배법은 자본 회전이 느리고, 단위 면적당 수확량이 적어, 널리 실용화되지 못하였다. 그뿐만 아니라 느타리버섯은 탄수화물, 지방 등이 적은 저칼로리 식품이며, 단백질, 비타민, 무기물 등이 보통의 채소보다 풍부하고 맛과 향이 좋아(Chang, 1978) 기호 식품으로써도 널리 이용되고 있어, 그 수요가 점차 증대되었고, 최근에는 Roland (1960) 등이 *Calvatia gigantea*로부터 Calvacin을 분리함으로로써, 담자 균류의 항암 성분에 관한 연구가 시작되어 Gregory(1966) 등에 의해 광범위하게 진행되었으며,

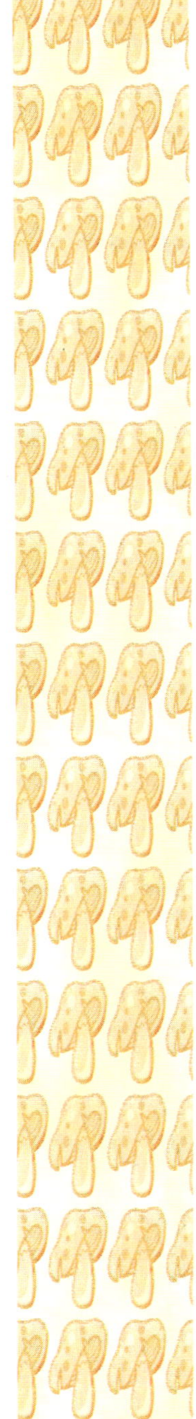

Yoshioka(1985)는 항암 효과 등, 약리 활성이 있다고 보고하였고, Kim(1980)은 느타리버섯 자실체 추출물이 sarcoma 180에 대해 강한 종양 억제작용이 있으며, Chang(1989)은 고혈압, 당뇨병 등에도 효과가 있다고 보고하였다.

따라서 느타리버섯은 건강 식품으로써 특히 각광을 받게 되어, 그 수요가 점차 증가 추세를 보이게 되었고, 이로 인하여 대량 생산의 필요성이 요구되었다.

재배법도 다양하게 발전되어 활엽수 원목을 이용한 원목재배법, 뽕나무 가지와 과수의 전정 가지를 이용한 가지 재배법 등은 자본 회전이 느리고, 단위 면적당 수확량이 적은 원시적인 재배법이 있는가 하면 다른 한편으로는 원료 구득이 용이하고, 단위 면적당 수량성이 높으며, 연중 계속 재배가 가능하여 자본의 회전이 빠른, 볏짚을 이용한 볏짚 다발 재배와 폐면을 이용한 느타리버섯 재배가 Park(1975) 등과 유(1990) 등에 의해 개발되어 주류를 이루고 있으며, 톱밥을 원료로 하는 병 재배도 점차 확산되어 가고 있어 느타리버섯 수요를 충족시키고 있다.

농가 소득에 있어 주요한 느타리버섯 재배에 있어서 가장 심각한 문제점은 각종 병해충으로 인한 생산성의 저하에 기인된다. 버섯에 피해를 주는 병해충 중, 느타리버섯에 가장 많은 피해를 주는 병해로는 *Pseudomonas tolaasii*에 의한 세균성 갈반병과 *Trichoderma sp.*, *Gliocl-adium sp.*, *Aspergillus sp.*, *Penicillium sp.* 등에 의한 푸른 곰팡이병, *Monilia sp.*에 의한 붉은 빵 곰팡이병과 *Trichurus spiralis*에 의한 흑회색 융단 곰팡이병 등에 의한 버섯배지, 균사, 버섯에 해를 입히는 것이 있으며, 충해로는 *Sciarid, Phorid, Cecid,*

*Mycetophil*과 같은 균사 및 버섯에 기생하여 해를 주는 버섯파리와 *Tarsonemus sp., Tyroly- phus sp., Pygmephrus sp., Calolyphus sp., Gamasus sp.*와 같은 응애류가 대표적이다. 이렇게 버섯에 발생하는 질병은 병원균이 균사 또는 자실체에 직접 기생하여 병을 일으키는 기생성 질병과 병원성 미생물이 간접적인 원인이 되거나 환경조건이 불량한데서 기인된 비기생성 질병으로 구분된다.

병의 발생정도는 병원균의 밀도, 기주의 감수성, 환경조건에 의해 결정된다. 그리고 자연상태에서는 병원균이 여러 가지 형태의 포자를 형성하여 휴면상태로 토양, 공기 중에 잠복되어 있다가 균상에 전염되어, 느타리버섯균의 생장보다 병원균의 생장에 유리한 환경조건이 주어질 때 병을 일으키게 되나, 휴면상태의 병원균이 활동하여 최초로 병을 일으키는 원인이 될 때에 이것을 1차 전염원이라 하고, 병이 발생된 부위에서 다시 새로운 기주로 옮겨가 병을 일으키면 2차 전염원이라고 한다. 2차 전염원에 의한 전파는 급속히 확대되기 때문에 1차 전염원이 될 수 있는 재배사 바닥과 주변의 토양, 공기, 이병된 버섯, 폐상 퇴비, 물, 재배사, 작업도구, 작업자의 의복 등을 철저히 소독하고, 서식환경을 원천적으로 제거하는 것이 병해 방제법에서 가장 쉽고 경제적이다.

이러한 병해를 방제하기 위한 방제법으로써는 농약이나 살균제 같은 화학적 방제법이 있으나, 이의 사용은 매우 신중을 기해야 한다. 왜냐하면, 버섯이나 버섯에 해를 주는 병원균은 대부분 같은 곰팡이류이거나 세균이며, 약제의 적용시기, 버섯의 종류, 품종에 따라서 약해의 정도가 다르므로 매우 선택적이어야 하고, 균상에 존재하는 다른 유용 미생물에 해를 주지 말아야 하며, 잔류독성이 없고, 연속적인 사용에도 약제에 대한 내성이 생기지 않아야 한다는 까다로운 조건을 충족시키는 약제는 없기 때문이다.

또 다른 방법은 수증기, 건열, 자외선 등에 의하여 방제하는 물리적 방제법인데, 이는 사람이나 가축에 해를 주지 않고, 방제의 효과가 큰 장점이 있고, 현재 가장 보편적으로 사용하고 있는 방법이긴 하지만, 광범위한 면적에 적용하기 어렵고, 비용이 많이 들고, 버섯에 직접 사용할 수 없다는 단점이 있다. 그 다음은 병해에 대한 저항성 품종을 육종하여 병해를 방제하는 것으로써, 이는 이상적이긴 하지만 많은 시간과 노력과 비용을 들여야 하는 문제와 함께 새로운 병원균에 대한 또 다른 병해에 대한 대비가 필요하다.

마지막으로 생태계에 영향을 주지 않아 환경을 파괴하지 않고, 사람이나 동물에 해를 주지 않으며, 효과적인 병해 방제를 할 수 있는 생물학적 방제방법이 있다. 이 방법은 자연에 존재하는 항균성 미생물을 이용하거나 미생물간의 길항성을 이용하는 것으로써, 세계 각국에서 이 분야에 대한 집중적인 연구를 하고 있으나 개발은 미흡한 실정이다.

느타리버섯 재배

1. 느타리 폐솜(폐면) 재배

1) 폐솜의 특성

① 폐솜은 탄소 및 질소의 함량비율이 이상적이고 Cellulose가 73.2%정도로 볏짚보다 2배 이상 높

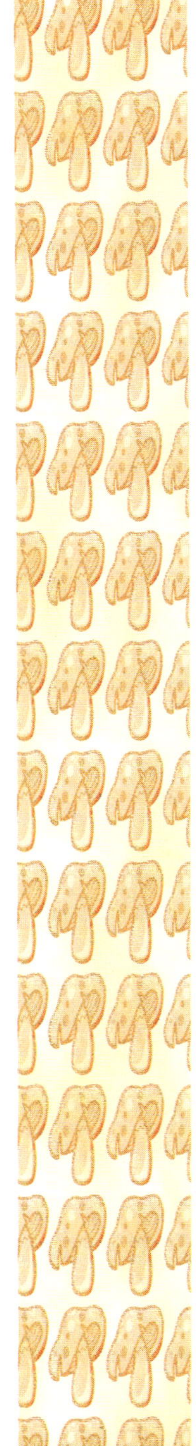

은 상태로써 느타리버섯의 배지재료로는 아주 적합하다.

② 폐솜에는 가용성물질(열수 추출물, 알콜 추출물) 등이 많아 느타리버섯 재배에 유리하다.

③ 폐솜은 섬유질이 조밀하여 공기유통이 나쁘고 가스가 잘 빠지지 않아 발산속도가 늦다.

〈폐솜의 형태〉

2) 시설 및 장비

① **퇴적장**：배지제조를 하는 퇴적장은 배수가 잘 되도록 바닥을 시멘트로 포장하며 면적은 재배면적의 50%이상으로 한다. 그리고 비가림을 하여 우천 및 장마시에 대책을 세운다.

② **폐솜 터는 기계**：폐솜은 대개 트랙터나 경운기의 로터리기를 이용하며 기계를 만들 때에는 2마력 이상의 전원과 폐솜이 가늘게 잘 분리되도록 만든다.

3) 재배과정

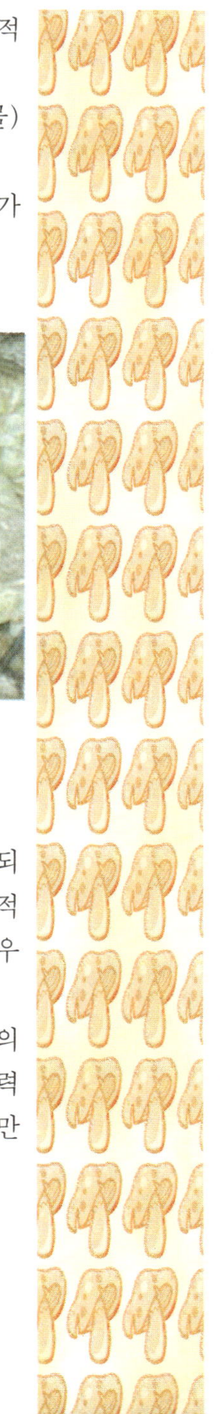

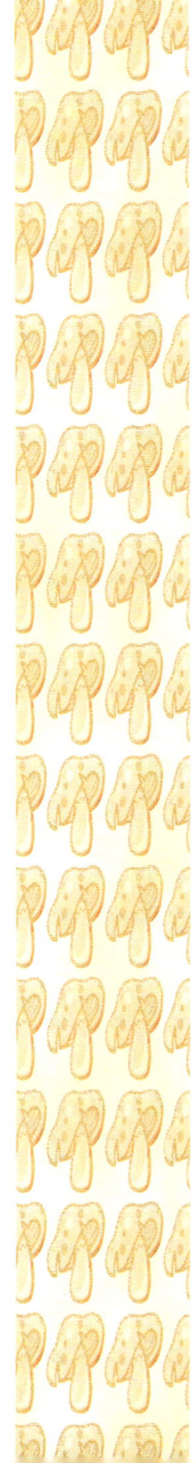

① **배지 조성**:폐솜은 1평(3.3㎡) 당 55~66kg정도(여름 55kg, 겨울 65kg)에 수분을 65~70%로 맞춘다. 수분조절을 균일하게 하기 위해 솜을 털어 가며 수분을 공급한다.

② **야외발효**:야외 발효는 외부 온도가 10℃이상 될 때 실시하는 것이 좋으며 깔판 위에 폭이 180cm, 높이는 200cm 정도 되게 쌓는다. 저온기에는 폐솜더미 위에 비닐 및 보온덮개를 덮어 수분증발을 막고 열이 축적되도록 한다.

③ **입상**:균상에 0.03~0.005mm의 비닐을 깔고서 20~25cm 두께로 다지지 않고 쌓아 호기성 발효가 일어나도록 한다. 입상 전에 폐솜을 기계로 털어 가스를 빼주고 호기적 상태가 되도록 한 후 입상한다.

④ **살균 및 후발효**:입상이 완료되면 재배사의 모든 창구를 막고 습열을 주입하여 60~65℃에서 10~20시간 정도 유지시켜 살균작업을 실시한 후 50~55℃로 2~3일간 유지시키면서 고온성 발효가 이루어지도록 한다. 발효 완료시기는 냄새 및 물리적 상태를 점검하여 결정하여야 한다.

⑤ **종균접종**:폐솜 재배에 적합한 품종은 원형느타리 및 여름느타리버섯이며 종균을 10~15병/평을 배지에 고루 혼합하여 접종한다.

⑥ **온도 및 습도관리** :배지의 온도가 30℃이상이 되면 환기를 시켜서 실내온도를 낮추도록 하여 품온이 올라가 균사활력이 저하되는 것을 방제하며 배지에 균사가 자라면서 가스 발산이 심하고 산소가 부족하기 쉬우므로 환기에 유의하며 배양 중에는 밤낮의 온도차가 없도록 하여 비닐 안에

물방울이 생기지 않도록 한다.

⑦ **버섯발생**：생육에 적합한 온도인 15~18℃(중온성 품종)로 조절하고, 관수를 하여 배지 수분을 높이고 실내습도는 90%로 하고 적당한 산광을 비추어준다.

⑧ **버섯생육 관리**：배지의 온도 및 재배사내 온도를 15~18℃(중온성 품종)로 하고 습도는 80~85%로 유지한다. 버섯 발생시는 90%이상 높게 유지하며 관수량은 대체적으로 매일 평당 600cc정도가 적당하지만 균상 상태에 따라서 조절한다.

⑨ **수확 및 포장 관리**：수확 주기가 끝나면 실내습도는 약간 높게 85%정도로 유지하고 온도는 15~18℃로 지속한다. 환기량은 버섯의 형태에 따라서 조절한다. 수확된 버섯은 2kg 또는 4kg씩 종이상자에 균일한 것끼리 포장하며 최근에는 100~200g씩 소포장하기도 한다.

2. 느타리버섯 상자재배

최근 느타리버섯재배에 있어 연중 계획 생산을 할 수 있고 기계화가 가능하여 작업조건을 개선할 수 있는 상자 재배법을 시도하고 있다.

1) 재배방법

상자재배는 입상부터 폐상까지 동일 재배사에서 전 작업과정을 수행하는 방법과 살균실과 배양실 그리고 생육실을 분리하여 운용하는 방법이 있다. 상자재배법은 노동력 분산, 계획생산 및 노동력 절감 등의 장점이 있다. 그러므로 작업단계에 따라 적합

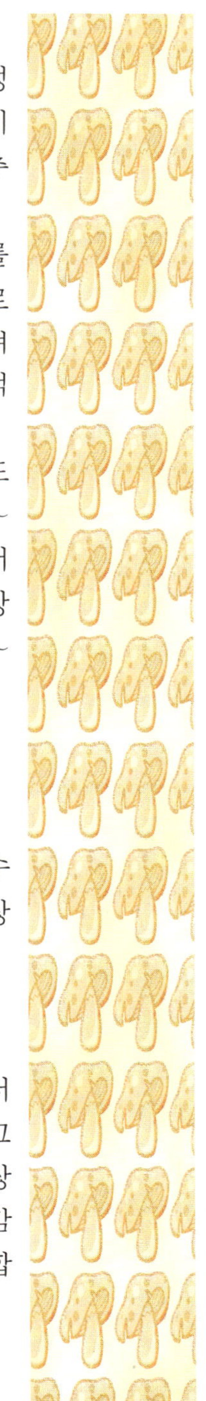

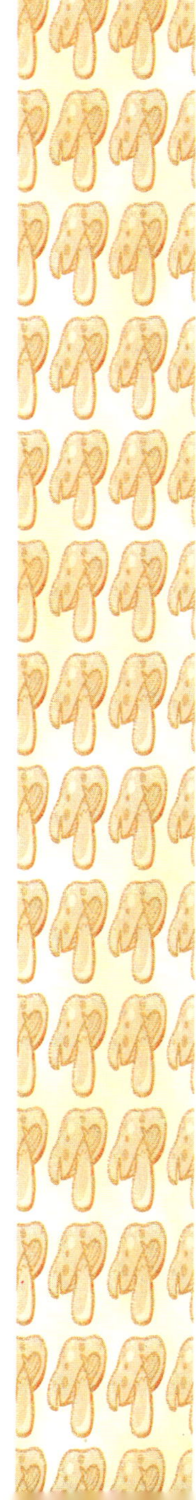

한 기계가 필요하며 특수한 시설을 갖추어야 한다. 외국에서는 상자재배를 하기 위한 기본단위로 최소한 1개의 살균실, 2개의 배양실, 8개의 수확실을 갖추어야만 경제성이 있다고 한다. 현재 이 방법을 도입하여 사용하고 있는 지역은 노동력이 부족하고 임금이 비싼 유럽이나 북미 등이다.

2) 시설 및 장비

① **살균 및 배양실** : 살균실의 크기는 상자의 크기 및 쌓는 방법에 따라 달라진다. 실내의 공기순환을 위해 실내순환 닥트는 보통 가로 벽의 천장 또는 세로 벽의 바닥모퉁이에 설치하도록 권장하고 있다. 신선한 공기주입 및 닥트는 천정의 모퉁이에 설치하는 것이 좋다. 통풍장치의 용량은 시간당 $250\sim300\,\text{m}^2$가 될 수 있는 것을 사용한다. 또한 환기구에서부터 공기가 수평으로 흐를 수 있도록 젯트 분사 방법을 이용하는 것이 바람직하다.

② **절단기 및 퇴비 털이기** : 볏짚을 절단하는데 필요하며 절단능력은 기종에 따라 차이가 있으나 볏짚의 길이를 $5\sim10\,\text{cm}$ 내외로 절단할 수 있으면 된다. 퇴비 털이기는 폐면을 사용할 때 배지의 균일도를 높이기 위한 기종으로써 반드시 필요하다.

③ **퇴적기** : 야외 발효과정시 배지를 균일하게 발효시키기 위해 뒤집기 작업을 수행할 때 사용하며 보통 소형 포크레인을 개조하여 사용하고 있다.

④ **입상기** : 야외발효가 끝난 배지를 살균작업을 하기 위해 상자에 넣을 때 사용한다.

⑤ **종균재식기** : 살균 및 후발효가 끝난 배지를 골고루 털음과 동시에 종균을 혼합 재식하기 위해 사

용한다.

⑥ 운반기계：충진한 상자를 살균실로 옮기거나 종
 균접종 후 배양실 또는 재배사로 운반하는데 사
 용하며 엔진식, 충전식, 수동유압식 그리고 유동
 성 콘베이어 등이 있다.

3. 느타리 볏짚재배

1) 재배사 유형 및 구조

① 재배사는 영구 재배사와 간이재배사로 구분된다.

② 재배사 구조：재배사의 건축면적은 30.4평 (균상
 면적으로는 60～64평), 재배사 바닥은 콘크리트로
 포장, 그리고 균상판은 굵은 철망으로 장타원형(4
 ×9㎝)이 되게 설치하면 병 발생이 적고 재배하
 기가 편리하다

③ **배지조성**：볏짚단 묶기 작업을 할 때 단의 크기는
 직경이 20㎝정도가 알맞으나 이보다 직경을 크게
 묶어(30～40㎝)서 재배할 수도 있다.

④ **수분조절**：묶은 볏짚단을 토막치기한 다음 균상
 에 입상한 후 수분을 조절하는 방법과 묶은 볏짚
 단을 침수조에 넣어 수분조절하는 방법이 있다.
 이때 볏짚의 수분량은 65～70%가 되도록 한다.

⑤ **입상**：수분조절이 끝난 볏짚단을 균상판 위에 쌓
 는 것을 입상이라고 하며 이때 배지량은 건물 중
 으로 평당 60～80㎏이 적당하다.

⑥ **살균 및 후발효**：살균온도는 60℃에서 6～8시간,
 후발효는 50～55℃에서 2～3일간 발효시킨다.

⑦ **종균접종**：살균이 끝난 후 볏짚토막의 온도가 봄
 재배의 경우 25℃, 가을재배의 경우 23℃이하에서

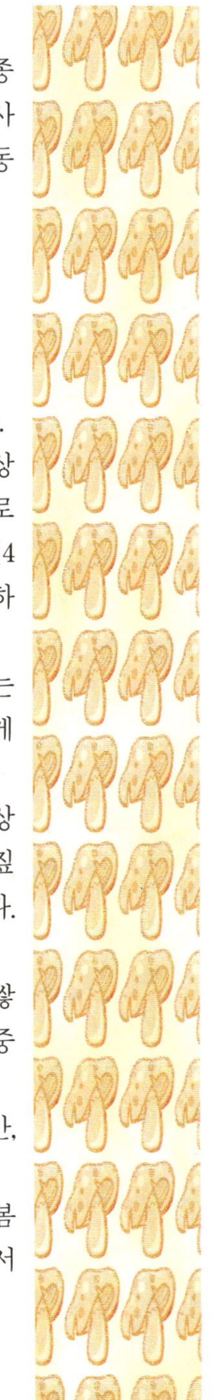

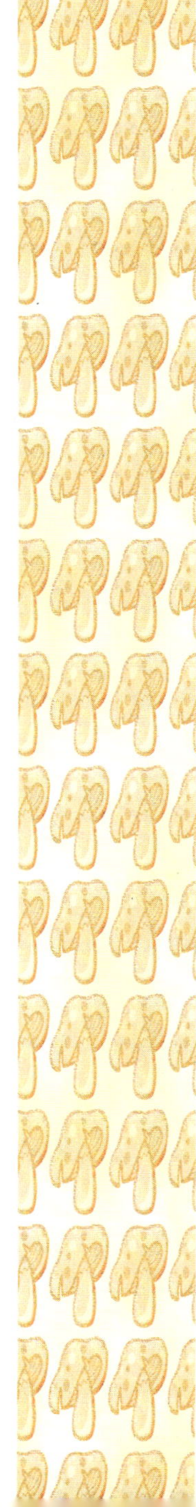

실시하며 종균접종량은 평당 10병 정도를 사용하는 것이 균사 활착이 빠르다.

⑧ 버섯발생 및 수확관리 : 배양이 완료되면 비닐을 벗기지 않은 상태에서 온도를 14~17℃로 내리고 80~120룩스의 빛을 2~3일간 유지한다. 그후에 비닐을 제거하고 1일 1~3회 정도 관수하여 균상 표면이 마르지 않게 관리한다. 버섯 발생시에는 실내습도를 90%이상 유지하고, 차차 버섯이 생육하면서 습도를 서서히 낮추어 수확시에는 80~85%정도로 유지하며 온도, 습도 및 환기량 조절에 세심한 주위를 한다. 버섯을 수확한 다음에는 균상에 죽어 있는 버섯 잔여물을 깨끗이 제거하여 병 발생을 방지한다.

4. 비닐 멀칭 재배

1) 특성

비닐 멀칭 재배는 관행의 재배방법에 비해 버섯다발이 크게 형성되며, 버섯 수확이 일시에 이루어짐과 동시에 수확시간의 절감효과가 클 뿐만 아니라 균상 관리가 편리하며, 또한 균상 표면에 멀칭된 부위는 외부의 잡균(세균성 갈변 병원균, Hypocrea 병원균 등)침입이 불가능하므로 건전한 버섯 균상이 약 80%이상 보존될 수 있다.

2) 재배방법

① 멀칭용 비닐제조 : 비닐 멀칭 재배를 하기 위해서 우선 멀칭용 비닐을 만든다. 비닐의 종류 및 규격은 두께 0.03mm, 넓이(폭) 180cm의 비닐에 10㎝

의 구멍을 10㎝간격으로 1㎡당 25개 정도의 구멍을 뚫는다.

② **살균** : 비닐의 살균은 버섯배지 후발효 실시할 때 약 2일간 재배사내(55~65℃정도)에 넣어 펼쳐두면 된다.

③ **접종방법** : 우선 배지전체를 혼합 접종한 다음 균상에 굴곡이 생기지 않도록 평평하게 하고 표면에 종균을 조금씩 고르게 뿌리고 살균된 멀칭용 비닐을 균상에 씌운다. 멀칭용 비닐의 구멍난 부위가 균상의 중앙부위에 위치하도록 한 다음 각각의 구멍에다 종균을 접종하는데 이때 중요한 것은 구멍의 가장자리가 종균으로 완전히 덮이도록 하여 비닐이 들고 일어나지 않게 해야 한다. 접종할 때 종균이 비닐 위에 흩어지는 일이 없도록 유의하여야 한다. 그렇지 않으면 종균의 부스러기에서 잡균이 서식하여 배지를 오염시키는 원인이 되기도 한다.

④ **종균의 양** : 종균의 양은 관행재배의 종균 접종 양과 똑같은 양으로 한다. 비닐 멀칭 재배의 접종은 혼합접종 50%, 균상 표면에 10%, 구멍 뚫린 부위에 40%를 접종하게 됨으로 관행의 방법에 비하여 접종하는 종균량이 많이 들지 않으며 효율적으로 종균을 접종할 수 있다.

⑤ **균상 터널** : 비닐 멀칭 재배에서도 관행재배와 같이 종균 접종 후 균상에 비닐터널을 만들어 주어야 한다. 관행의 방법보다 균상에 비닐이 한겹 더 씌워져 있지만 종균을 접종한 부위에는 건조가 일어나므로 반드시 균상에 비닐로 터널을 만들어 주어야 재배에 실패하지 않는다.

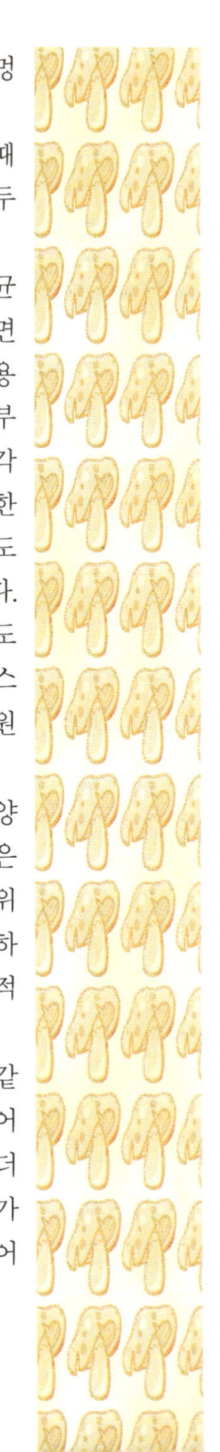

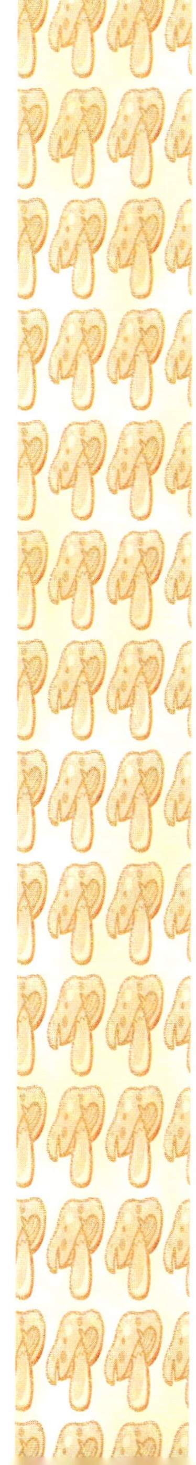

⑥ **균사배양**：균사배양 방법은 관행의 방법과 동일 하지만 균사생장에 있어서 관행재배의 경우 균상 표면 전체에서 고르게 발생되는 반면 비닐 멀칭 재배에서는 초기 균사생장은 접종한 구멍부위에 서 균사생장이 활발히 일어나는 것을 육안으로 관찰할 수 있고 시간이 경과되면 멀칭된 부위에 서도 백색의 버섯균사가 생장함을 볼 수 있다.

⑦ **버섯발생**：비닐 멀칭 재배의 버섯발생 양상은 관 행재배에서 발생하는 버섯과는 상당히 다른 점을 확인할 수 있다. 관행재배의 버섯은 다발이 적고 산발적으로 조밀하게 발생하지만 비닐 멀칭 재배 의 버섯은 구멍에 접종한 부위에서만 버섯이 발 생하고 다발이 크게 형성되며 전반적으로 거의 동시에 균상 전체에 버섯이 발생한다. 1주기 버섯 발생 수량이 관행의 방법보다 많은 것이 일반적 이며, 1주기 수확 이후에도 폐상시까지 매 주기마 다 같은 부위에서 버섯발생이 가능하다.

⑧ **균상 관리**：비닐 멀칭 재배시는 구멍을 뚫어 놓은 부위만 관리하게 되므로 일손이 줄어들 뿐만 아 니라 균상을 청결하게 관리할 수 있다.

⑨ **버섯수확**：비닐 멀칭 재배는 버섯이 다발로 발생 하므로 단번에 수확이 가능하여 수확시간을 절감 할 수 있다.

⑩ **병해발생**：비닐 멀칭 재배는 버섯재배시 발생하 는 세균성 갈변병과 하이포크리아병 등의 병원균 이 멀칭된 부위에는 침입이 불가능하므로 병으로 부터 안전하게 버섯균사를 보호할 수 있어 병 방 제에 약 80%이상의 효과를 거둘 수 있으리라 기 대한다. 특히 균상 표면에 물고임 현상이 생기지

않으므로 세균성 갈변병 병원균의 증식환경이 발생하지 않으므로 균상이 갈변병균으로부터 안전할 수 있다.

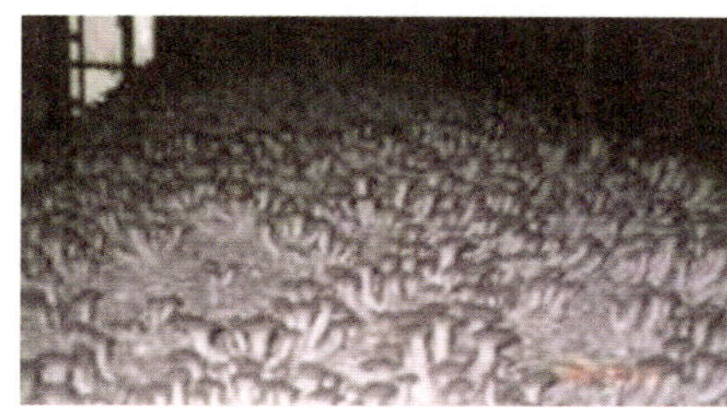

〈느타리버섯 비닐 멀칭 재배와 관행재의 균상과 자실체 발생 비교〉

5. 느타리버섯 재배과정별 병충해 예방

1) 좋은 배지재료의 선택방법
① 볏 짚
- 배지의 상태가 균일할 것
- 충분히 건조된 것
- 흙, 먼지 등과 같은 이물질이 많지 않을 것
- 병충해의 피해를 받지 않은 것
- 물에 젖지 않은 것
- 미생물의 발생에 의해 변질되지 않은 것
② 폐 면
- 폐면 내에 면실깍지가 혼합되지 않은 것
- 솜이 수분 등에 의해 부패되지 않은 것

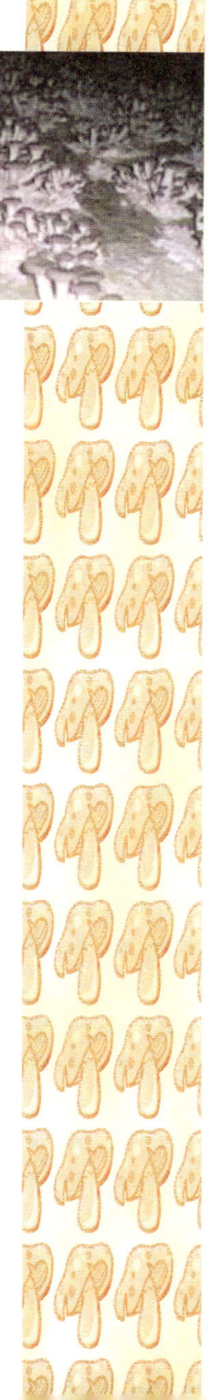

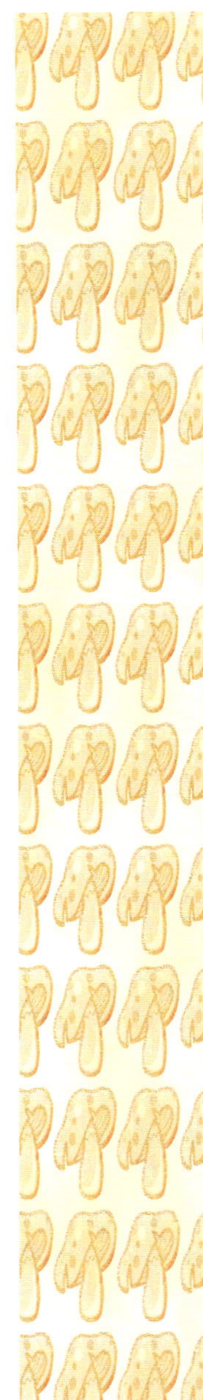

            - 카시미론 섬유와 같은 화학섬유가 없는 것
  ③ 톱 밥
      - 재배 품종에 적합한 수종을 택할 것
      - 적당한 굵기일 것
      - 이물질이 많지 않을 것
  ④ 미 강
      - 신선한 것
      - 미생물의 발생에 의해 변질되지 않은 것

2) 효율적인 침수방법

배지재료의 수분은 65~70%로 하되 배지재료에 고르게 침수시켜야 한다. 일반적으로 볏짚의 침수시간은 6~12시간 정도 하는 것이 알맞으며, 가장 고르게 침수하기 위해서는 볏짚단의 크기, 볏짚의 신선도, 밟기, 바깥기온, 물의 온도에 따라 침수시간을 조절하며 볏짚이 뜨지 않고 완전히 물에 잠기도록 담가두어 침수를 하는 것이 좋다. 그리고 볏짚에 수분이 부족하거나 지나치게 많을 때는 부위에 따라 살균온도 상승의 차이가 발생하여 살균의 과부족(過不足)에 의한 병해가 발생할 수 있다. 또한 폐면 재배에서 털이기를 이용하여 솜에다가 수분을 첨가하는 경우는 한번에 많은 양의 수분을 첨가하면서 솜을 터는 것보다는 물을 조금씩 넣어가면서 2회 정도 털어서 솜 전체에 균일하게 수분이 첨가되도록 한다.

3) 야외발효

야외발효를 실시하면 단위면적 당 배지 재료의 입상량(入床量)의 증가로 수확량을 증가시킬 수 있다. 배지를 야외에서 발효시킬 때 바깥 기온이 낮아 발열(發

熱)이 부진하고 40℃이하의 이상저온이 4~5일정도 계속되는 경우에는 혐기성 발효가 일어나 구린 냄새 등이 나며 균사생장이 억제되고 병해발생이 심하게 된다. 또한 야외발효를 잘못하는 경우에는 혐기성발효가 일어나 병 발생을 심하게 할 수 있다. 따라서 발열이 불량할 때는 퇴적 후 2~3일 이내에 온도에 관계없이 뒤집기를 실시하거나 비닐 등으로 보온관리에 힘써야 한다. 그래도 발열이 불가능한 경우에는 최초의 퇴적 5일 이내에 입상을 하도록 한다.

4) 입상(入床)

입상량의 증가는 다수확을 할 수 있으나 지나치게 많이 입상할 경우에는 배지의 공간에 산소의 양이 부족하여 혐기성 발효가 일어날 경우가 많으며 균사생장도 억제되어 병해의 발생이 촉진될 수 있다(볏짚소요량 평당 60~80kg).

5) 효율적인 살균방법

살균은 배지 및 재배사내의 병원균 및 해충을 사멸시키고 볏짚을 부드럽게 연화함으로써, 버섯균의 생장이 양호하도록 하는 과정이다. 따라서 60℃에서 6~8시간을 실시하며 12시간 이상은 좋지 않으며, 살균과 후발효가 잘된 배지는 푸른곰팡이병의 발생을 억제할 수 있다.

- 살균은 스팀 보일러, 연탄난로, 열풍기 등을 사용할 수 있으며 건열(연탄난로, 열풍기)에 의한 살균은 배지내의 수분이 낮아지므로 습열(스팀 보일러, 간이스팀 보일러+열풍기)의 경우가 좋다.
- 살균을 할 때는 상단과 하단의 온도가 10℃이상 차

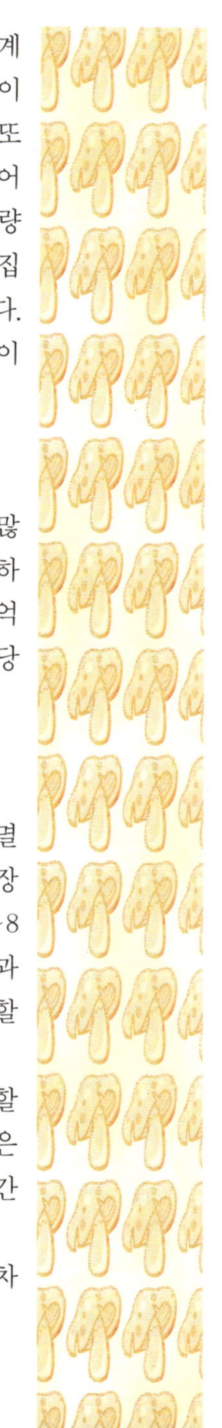

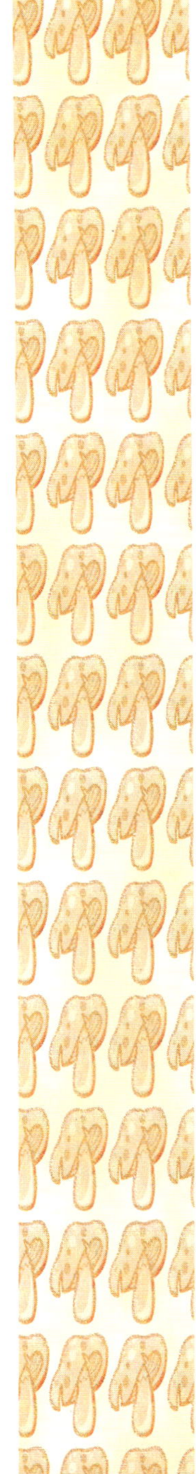

이가 나므로 상층부의 뜨거운 공기를 송풍기에 의해 1단의 균상밑으로 불어넣어 상하층의 온도차이를 개선시킨다.

● 볏짚배지의 살균온도는 60℃로 살균하여 후발효를 3일간 한 결과가 균사생장이 가장 양호하며 푸른곰팡이병균도 억제되었다. 그러나 온도가 올라갈수록 버섯균의 균사생장은 느리고 병원균의 균사생장은 촉진된다.

6) 정확한 후발효 방법

후발효 중에는 수시로 환기를 하여 발효과정에서 발생되는 재배사내의 가스를 제거하고 비닐 속 배지에 산소 공급과 가스의 확산이 잘 되도록 해야한다. 종균을 심은 후 균사생장 기간에 가스 빼기는 병원균의 오염을 촉진시켜 병 발생의 확률이 높아진다. 후발효 온도는 50~55℃로 하며 60℃로 올라가는 경우 2회 살균한 것과 같은 효과를 나타낸다.

7) 재살균 방법

● 병이 발생되었던 근본원인을 파악하여 그 원인을 제거해야 한다. 병 발생의 주요 원인으로는 볏짚내의 지나친 수분과부족, 볏짚내의 이상 발효, 살균부족, 재배사 주위의 병원균 밀도가 높은 경우를 들 수 있다.

● 푸른곰팡이 병해가 발생했을 경우에는 60℃에서 6~8시간 살균하고 50~55℃에서 3~4일간 후발효를 실시한다.

● 열에 강한 푸른곰팡이병이 발생했을 경우에는 60℃에서 6~8시간 살균하고 50~55℃에서 2~3일간

후발효를 시킨다.

- 2회 살균방법은 1회 살균방법에 비하여 버섯균사 생장이 느리며, 지나치게 살균을 하는 경우에는 병해가 더 심하게 발생할 수 있다.
- 종균접종 후 2주 이내에 균상 표면에 푸른곰팡이병의 병해가 30%이상 발생되어 재살균을 실시할 경우에는 볏짚다발을 뒤집거나 상면(床面)의 톱밥을 제거한 후 정상적인 살균을 하도록 하고, 특히 후발효 기간 동안에는 배지 내에서 냄새가 심하게 나므로 환기를 자주 해 주어야 한다.
- 푸른곰팡이병해의 발생이 심한 경우 현재 균상 내에 있는 병원균의 밀도를 줄이고 살균효과를 높이기 위해 살균 전에 균상 표면에 벤레이트를 평당 6g(1000배액)을 볏짚의 수분 상태에 따라 희석농도를 정하여 뿌린 후 살균하는 방법이 있다.
- 재살균은 종균접종 후 15일 이내에 실시한다.

8) 우수한 종균선별방법

- 종균의 균사색이 백색이며, 활력이 왕성한 것을 사용한다.
- 배양이 완료되어 저장기간이 1개월 이내의 것이 가장 좋다.
- 버섯이 많이 발생되고 종균 병밑 부분에 물이 발생된 것은 사용하지 않는다
- 미숙되거나 건조된 종균은 사용하지 않는다.
- 종균은 사용 전까지 직사광선에 노출되지 않도록 한다.
- 종균에서 이상한 냄새가 나는 것은 사용하지 않는다. 만약 접종에 사용하는 도구를 이상한 종균에

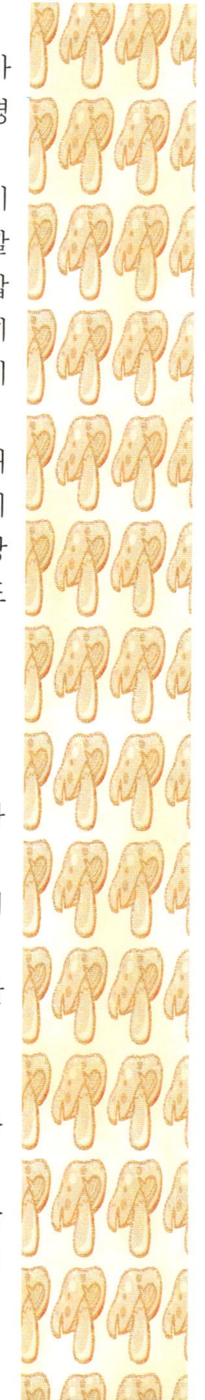

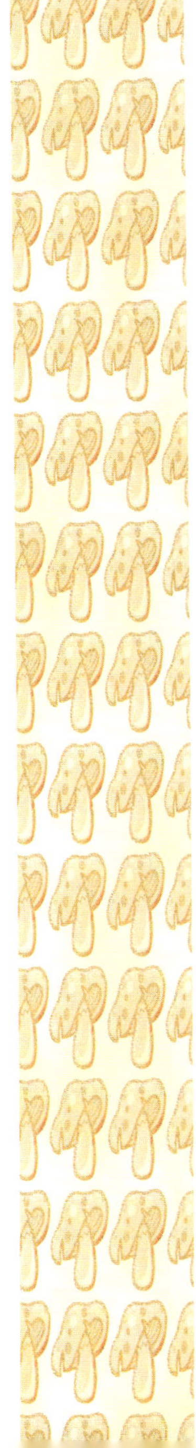

접촉시켰을 때는 접종도구를 알코올 등에 소독해
서 사용한다.
- 종균을 인수한 즉시 종균 병의 면전(솜 마개)및 마
개 밑 부분에서의 잡균 발생유무를 조사하여 만약
잡균이 발생된 것은 절대 종균으로 사용하지 않는
다.

9) 종균준비는 어떻게 하나?

종균은 배양소와 종균심기 40일전에 미리 계약을 한
다. 종균량은 종균 접종방법에 따라 약간의 차이가 있
으나 평당 약 10~12병(5~6kg)정도를 준비한다. 그리고
종균은 심기 전에 청결하고 공기의 흐름이 적으며, 밀
폐된 깨끗한 장소에서 콩알 크기 정도로 잘게 부수어
일정한 비닐봉지에 5~6병씩 담아놓는다.

10) 종균접종

- 종균접종은 균상 내의 온도가 22~23℃일 때 실시
하며, 균사생장 10~15일에 27~28℃에 도달하도록
해야 한다.
- 봄 재배에서는 외부 기온이 낮기 때문에 종균을
심을 때 온도 유지가 가능하나 여름재배 및 가을
재배에서는 외부 기온이 높기 때문에 종균을 심을
때 기본 온도를 유지할 수가 없으므로 가능한 낮
출 수 있는 온도까지 낮추고(28~30℃)종균을 접종
하도록 한다.
- 만약 온도를 기준 온도에 맞추기 위하여 종균을
심는 시기를 늦추면 늦출수록 느타리버섯의 균사
생장은 불량해지고 잡균의 발생률도 높아진다.
- 종균을 청결히 접종하기 위해 종균은 공기의 유동

이 없는 청결한 장소에서 모두 부셔서 소규모(5~6
병씩)로 비닐봉지에 담아 놓는다. 그리고 접종하기
하루나 4~6시간 전 균상에 비닐이 덮여있는 상태
에서 벤레이트 1,000배액을 재배사의 천장 및 바닥,
공기 중에 뿌려 소독을 한다. 또한 종균 접종시 절
대로 재배사의 문이나 환기창을 열어 놓아서는 안
된다. 그리고 버섯파리의 침입을 억제하기 위하여
평당 더스반 입제(3%) 17g이나 디밀린 13g을 종균
과 함께 사용하기도 한다.

11) 균사생장

느타리버섯의 균사생장에 알맞는 온도는 25~30℃이
나 실제 재배시에는 22~25℃를 유지하는 것이 좋다. 볏
짚배지는 멸균상태가 아니고 접종 및 배양기간 중에 잡
균이 오염될 수 있으므로 오염 초기에 잡균의 균사 생
장을 억제하기 위하여 28℃이상에서의 균사생장은 피하
도록 한다. 그리고 볏짚다발 재배에서는 종균접종 초기
에는 23℃내외의 온도를 유지하고, 1주 후에는 25℃내
외, 2주 후에는 28℃내외로 점진적으로 온도가 높아지
는 것이 정상이며, 폐면 재배에서는 종균접종 후 5~7
일에 28℃이내로 서서히 상승하는 것이 정상이다. 균사
배양 과정 중 가장 주의하여야 할 문제는 버섯파리의
방제이다. 버섯의 독특한 향기에 의해 유인된 버섯파리
에 의해 균사를 가해하는 직접적인 피해와 병원균을 옮
기는 등의 간접적인 피해를 주므로 재배사 안팎의 성충
의 밀도를 줄이기 위하여 디디브이피(DDVP)유제 1,000
배액을 살포한다.

대부분의 농가에서 균사배양기간 중에 산소 공급이
원활해야 균사생장이 양호하다고 생각하여 종균접종

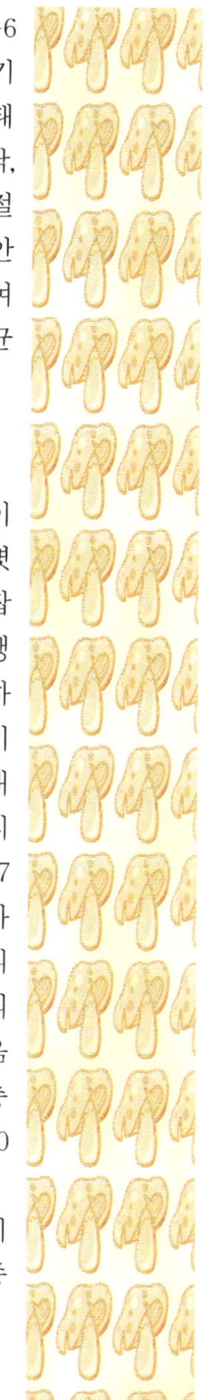

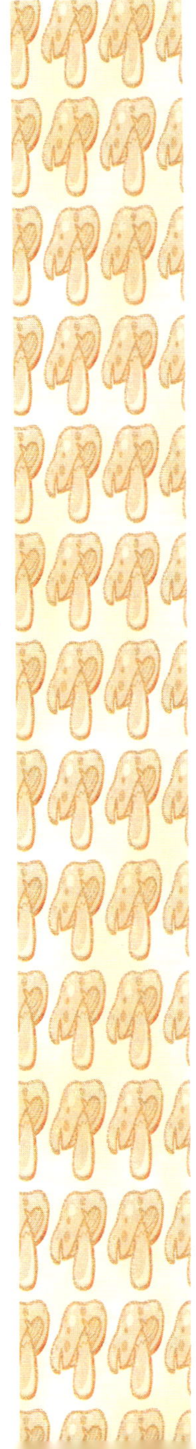

〈버섯파리 성충의 모양〉

후 5~7일부터 주기적으로 비닐을 열어 가스를 빼주는 작업을 하고 있으나 이 작업은 재배사내의 공기 중에 있는 병원균의 포자를 균상 내에 접종하는 것과 같은 것이므로 실시해서는 안 되는 작업이다. 그러나 배지의 상태가 불량하여 부득이 가스가 발생되는 경우 즉 버섯 균사가 뻗어 내려가지 못하고 종균의 표면에 공중균사만 자라 솜 덩어리처럼 되거나 종균덩어리로부터 균사 생장이 되지 않을 경우에는 가스빼기를 시도하여야 한다. 균상의 양쪽과 비닐의 상단부분에 종균 병의 양쪽 부분을 제거한 것이나 또는 두꺼운 플라스틱 필름을 둥그렇게 말은 것을 연통처럼 끼우고 그 안에 엉성하게 솜으로 막아준다.

12) 균상관리 및 수확

수분 및 습도는 버섯재배에서는 절대 필수적인 것으로 버섯을 발생시킬 때는 95%이상의 습도를 필요로 하며 배지 속에는 65~70%의 수분이 필요하다. 공기 중의 습도는 적당하더라도 배지중의 수분이 부족할 때는 버섯 발생이 줄어들거나 발생하지 않으며, 배지의 수분은 적당하나 공기중의 습도가 부족할 때는 버섯은 발생하나 어린 버섯 상태에서 건조되어 갈색으로 변색이 되면서 죽고 만다. 공기중의 습도 부족은 균상 내의 수분을 감소시키며 표면균사가 건조되어 피막을 형성하고, 딱딱하게 굳어지면서 표면균사가 죽게 된다. 이와 같이 말라 죽게 된 균사는 균상의 수분흡수와 공기유통을 불량하게 하고 병원균의 먹이로서 제공되어 병해의 발생이 증가된다. 그러나 환기는 버섯의 모양 및 생장에 관여되는 조건으로 재배사내의 습도와는 반대된다. 즉, 환기를 많이 시키는 경우 대부분 재배사내의 습도는 줄어들게 되며, 환기를 부족하게 하는 경우에는 습기가 많아지게 된다. 그러므로 환기와 물주기는 버섯의 생장과 재배사내의 습도, 재배사 바깥의 환경조건(습도, 온도, 풍속 등)에 따라서 그 정도를 정하여야 한다. 폐면 재배에 있어서 물주기에 의해서 수분을 균상 표면에 첨가하여도 표면의 균사밀도가 치밀하여 균상 내에 수분의 침투가 어렵다. 버섯은 자실체 내의 수분이 90~95%내외이므로 버섯발생 후 물주기를 중단하면 버섯은 죽게 된다. 또한 버섯발생시기에 밤낮의 온도편차가 심하면 세균성 갈변병의 발생이 심하므로 재배사의 온도편차를 줄여야 한다. 버섯 수확 후 균상에 남겨져 있는 버섯의 잔재들은 썩으면서 버섯재배에서 발생할 수 있는 각종 병해의 영양원으로 이용될 수 있으므로 버섯 수확 후 즉시 균상 정리를 하도록 한다. 폐면 재배는 물을 준 즉시 수분이 균상 아래로 흘러내려 배지로 수분공급이 잘 이루어지지 않으므로, 1회 물주는 양은 적게 하고 물주는 횟수는 늘리는 것이 좋다. 버섯파리는 시아리드, 포리드, 마이세토필, 세시드의 4가지 종류가 있으며, 유충이 자실체에 감염되어 품질을 저하시킨다.

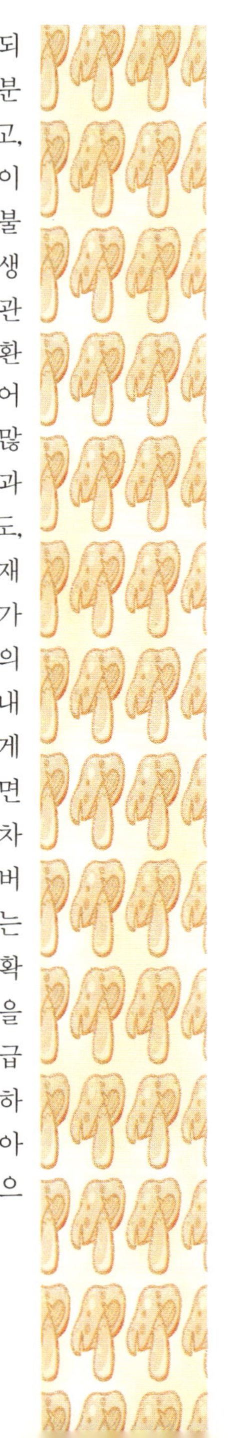

13) 폐상과 이어짓기 장애

병해에 대한 피해를 줄이기 위해서는 공동방제, 폐상 시기 선택의 신속, 폐상 소독 등에 만전을 기하여야 한다. 폐상 소독은 포르말린을 재배사내에 $1m^3$당 30cc처리하여 훈증 소독한다(단 소독시 재배사 온도는 18℃이상이 되어야 함). 포르말린으로 폐상 소독 후 재배사내의 폐상 퇴비를 제거하고 재배사 내외를 유산동 800배액으로 관수해 주어 토양을 소독하도록 한다.

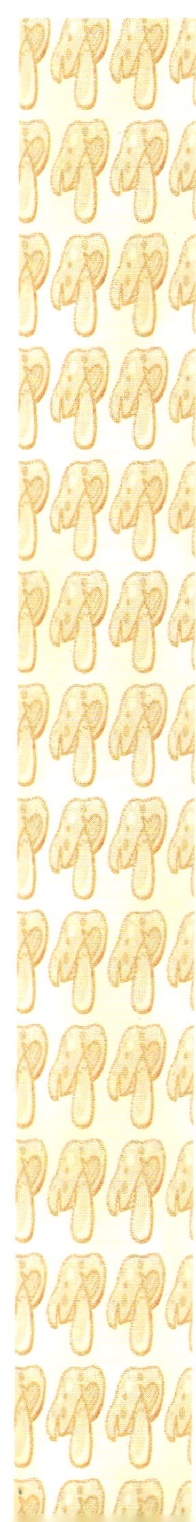

【참고문헌】

- Edible mushroom and their cultivation
- The biology and technology of the cultivated mushroom
- GRIENSWEN 1998, The cultivation of mushrooms.
- 농업기술지(1993. 3) : 제 322호
- 최신 버섯재배기술(1989) 상록사
- 93시험연구보고서. 1993. 농업기술연구소
- 94시험연구보고서. 1994. 경기도농촌진흥원
- 古川久彦(1992) : 버섯학 공립출판 주식회사
- 일본농촌문화사(1991) : 버섯의 기초과학과 최신기술
- 고승주, 차동열, 신관철 1992
  균사 생장이 부진한 사철느타리 및 느타리버섯으로부터 virus 입자의 분리. 한국균학회지 20권 2호 : 149-153
- 고승주, 차동열, J. G. H. Wessels 1992
  느타리 virus 이병 균주의 병징. 한국균학회지 20권 3호 : 229-233
- 고승주, 박용환, 신관철, J. G. H. Wessels 1992
  바이러스 이병 느타리버섯으로부터 double-stranded RNA의 분리. 한국균학회지 20권 3호 : 234-239

포자의 발아와 2핵 균사

사진 1)은 온도, 습도, 영양 등 생장환경이 좋아지면서 포자가 발아하여 포자로부터 균사가 자라는 모습이고 사진 2)는 포자에서 발아된 균사가 자라면서 세포 내에 유전적으로 동질의 핵을 가지는 균사로 된 동형(同形)핵 균사이다. 사진 3)은 균사접합으로 한 세포 내에 이질 핵이 동시에 공존하게 되는 이형이핵(異形二核) 균사로 각 균사의 격막에는 혹과 같은 클램프 연결(clamp connection)이 형성되어 버섯의 자실체를 형성할 수 있는 임성 균사의 모습이다.

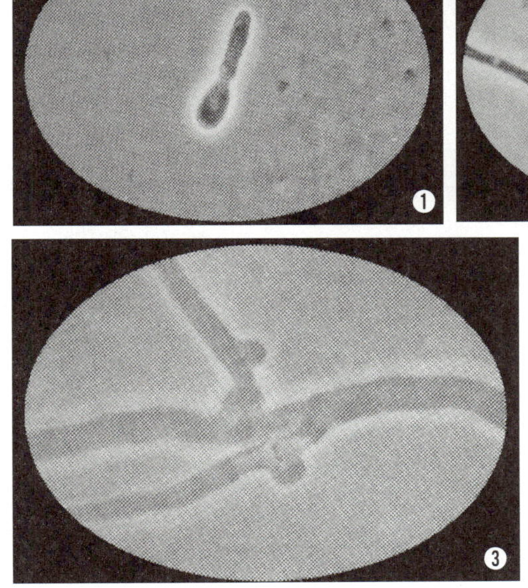

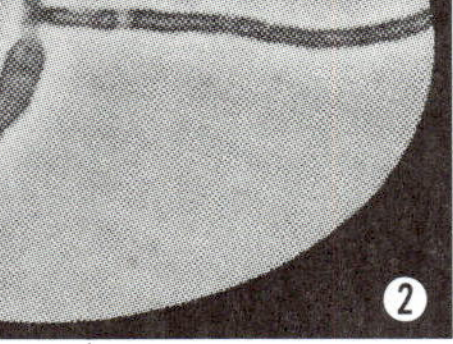

1) 포자 발아
2) 동형(同形) 핵 균사
3) 이형(異形) 핵 균사

느타리버섯 품종별 재배시기

품 종 명	배양적온	생육적온	재배최적시기
농기 2-1호	20-25℃	8-15℃	저온용(겨울재배)
농기 201호	20-25℃	10-28℃	중온용(춘추재배)
농기 202호	20-25℃	10-20℃	저온용(겨울재배)
사철 1호	20-25℃	10-25℃	중온용(춘추재배)
사철 2호	20-25℃	10-25℃	중온용(춘추재배)
여름 1호	25-30℃	20-25℃	고온용(여름재배)
여름 2호	20-25℃	20-30℃	고온용(여름재배)
원형 1호	20-25℃	10-16℃	중저온용(춘추겨울재배)
원형 2호	25-30℃	10-16℃	중저온용(춘추겨울재배)
원형 3호	25-30℃	10-16℃	중저온용(춘추겨울재배)
전복느타리1호	25-27℃	26-30℃	고온용(여름재배)
애느타리 1호	23-25℃	10-13℃	저온용(겨울재배)
춘추 1호	25-30℃	15-20℃	중온용(춘추재배)
춘추 2호	25-30℃	15-20℃	중온용(춘추재배)
큰느타리 1호	25-30℃	15-18℃	중온용(춘추재배)
흑평 1호	25-30℃	10-16℃	중온용(춘추재배)
균협 1호	25-30℃	8-26℃	중저온용(춘추겨울재배)
옥농 1호	25-27℃	15-18℃	중온용(춘추재배)

※ **저온용** : 10월부터 이듬해 4월경까지가 재배적기이다.

※ **중온용** : 9월부터 이듬해 6월경까지가 재배적기이다.

※ **고온용** : 4월부터 10월까지가 재배적기이며 고온용이라도 한여름은 피하는 것이 좋다.

농기 2-1호

특 성

벗짚, 톱밥, 솜 재배가 가능하며, 갓은 회색의 우산형으로 대가 가늘고 짧으며 육질은 부드럽다. 다발형이고 다발이 많은 편이다. 환기는 많이 필요하나 적응성이 좋아 균사 생장 적온은 20~25℃이며 버섯 생육 적온은 8~15℃으로 8℃이하에서는 생육이 지연된다. 저온성으로 겨울재배용이다. 벗짚재배를 할 때 초발이 소요일수는 46일 정도이다. 버섯을 수확한 후 다음 버섯이 발생될 때까지의 주기는 약 20일 정도며 벗짚재배시 평균수확량은 평당 45.9kg이며 버섯 한 송이의 무게인 개체중은 13.5g이다.

유의점

버섯의 발생온도가 낮아 겨울재배가 적당하며 8℃이하에서는 생육이 부진하다.

농기 201호

특 성

볏짚, 톱밥, 솜 재배가 가능하며, 갓은 회색이고 육질은 단단하며 두껍고 깔대기형으로 대는 굵고 짧으며 다발형이나 다발이 많지 않은 편이다. 환기는 많이 필요하며, 균사 생장 적온은 20~25℃이며 버섯 생육 적온은 10~20℃이다. 볏짚재배를 할 때 초발이 소요일수는 44일 정도이다. 버섯을 수확한 후 다음 버섯이 발생될 때까지의 주기는 약 20일 정도며 볏짚재배시 평균 수확량은 평당 53.8kg이며 버섯 한 송이의 무게인 개체중은 16.4g이다.

유 의 점

버섯의 발생온도가 높은 편이고 8℃이하에서는 생육이 매우 부진하므로 겨울재배보다는 봄, 가을 재배를 하는 것이 좋다. 다른 품종에 비하여 환기가 많이 요구된다.

농기 202호

특 성

농기 201호와 사철느타리 버섯과 교배한 품종으로써 볏짚, 톱밥, 솜 재배가 가능하며, 갓은 연회색의 깔대기형과 우산형의 중간이다. 대가 짧으며 육질은 약하고 잘 부숴진다. 다발형이며 다발이 많은 편이다. 환기는 보통이며, 균사 생장 적온은 20~25℃이며 버섯 생육 적온은 10~20℃이며 비교적 온도 범위가 넓고 환경에 대한 적응성이 좋으나 고온이 되면 대가 목질화되며 봄, 가을 재배용이다. 볏짚재배를 할 때 초발이 소요일수는 40일 정도이다. 볏짚재배시 평균수확량은 평당 53.7kg이며 버섯 한 송이의 무게인 개체중은 10.3g이다.

유 의 점

버섯의 발생온도가 넓고 높은 편이나 20℃ 이상에서는 대가 목질화되며 갓이 얇고 잘 부숴진다.

사철느타리 1호

특 성

벗짚, 톱밥, 솜 재배가 가능하며, 갓은 연회색의 깔대기형과 우산형의 중간으로 고온에서는 백색에 가까워진다. 대가 짧으며 육질은 약하고 잘 부숴진다. 다발형이며 다발이 많은 편이다. 환기는 보통이며, 균사 생장 적온은 20~25℃이며 버섯 생육 적온은 10~25℃로 비교적 온도 범위가 넓고 환경에 대한 적응성이 좋으나 고온이 되면 대가 목질화되며 봄, 가을 재배용이다. 벗짚재배를 할 때 초발이 소요일수는 36일 정도이다. 벗짚재배시 평균수확량은 평당 49.5kg이고 야외 발효를 시킨 경우는 평당 74.3kg으로 매우 높은 편이며 버섯 한 송이의 무게인 개체중은 9.5g이다.

유 의 점

벗짚을 야외에서 발효시킨 경우에 수량이 높으며 버섯의 발생온도가 넓고 높은 편이나 20℃ 이상에서는 대가 목질화되며 갓이 흰색이 되고 얇고 잘 부숴지며 균사를 20~25일간 생장시킨 후 버섯을 발생시키는 것이 좋다.

사철느타리 2호

특 성

벗짚, 톱밥, 솜 재배가 가능하며, 갓은 연회색의 깔대기형과 우산형의 중간이다. 대가 짧으며 육질은 약하고 잘 부숴진다. 다발형이며 다발이 많은 편이다. 환기는 보통이며, 균사 생장 적온은 20~25℃이고 버섯 생육 적온은 10~25℃로 비교적 온도 범위가 넓고 환경에 대한 적응성이 좋으나 고온이 되면 대가 목질화되며 봄, 가을 재배용이나 초여름이나 초가을 재배도 좋다. 환기 불량시에 발이가 잘 안되는 수도 있으며 푸른곰팡이병의 발생이 적다. 볏짚재배를 할 때 초발이 소요일수는 40일 정도이다. 볏짚재배시 평균수확량은 평당 36.5kg이며 버섯 한 송이의 무게인 개체중은 18.3g이다.

유 의 점

환기가 불량하면 버섯의 갓이 형성되지 않는 경향이 있으며 고온기 버섯이 대량으로 발생되므로 버섯의 성장이 빨라 수확적기에 유의해야 된다.

여름느타리 1호

특 성

  볏짚, 톱밥, 솜 재배가 가능하며, 갓은 회갈색
이며 초기에는 평편하나 나중에는 깔대기형이
된다. 대가 가늘고 단립종이며 육질은 질기다.
균사 생장 적온은 25~30℃ 및 버섯 생육 적온
은 20~25℃이며 비교적 온도 범위가 넓으나 고
온이 되면 목질화되고 사그러진다. 고온용으로
초여름이나 초가을 재배에 좋다. 7, 8월의 무더
위가 오는 시기는 재배를 피하는 것이 좋다. 볏
짚재배를 할 때 초발이 소요일수는 34일 정도이
다. 볏짚재배시 평균수확량은 평당 45.2kg이며
버섯 한 송이의 무게인 개체중은 20g이다.

유 의 점

  고온기에 발생하므로 버섯파리 등 해충에 유
의하고 버섯발생 후 성장기간이 짧아 수확하는
인력이 집
중되며 수
확 시 기 를
놓치면 버
섯이 사그
라 져 못
쓰게 된다.

여름느타리 2호

특 성

벳짚, 톱밥, 솜 재배가 가능하며, 갓은 연회갈색이며 깔대기형이다. 35℃의 고온에서도 기존의 여름느타리 1호보다 균사활력이 높고 초발이 소요일수도 빠르며 주기는 1주일 정도이나 뚜렷하지는 않다. 대가 가늘고 길며 단립종이고 육질은 질기며 발생 수가 많고 수량이 높다. 균사 생장 적온은 25~30℃ 및 버섯 생육 적온은 20~30℃이며 비교적 온도 범위가 넓으며 고온용으로 여름재배에 좋다. 벳짚재배시 평균수확량은 평당 52kg이며 버섯 한 송이의 무게인 개체중은 7g이다.

유 의 점

고온기에 발생하므로 버섯파리 등 해충에 유의하고 버섯발생 후 과다한 관수를 피하고 포자가 많으므로 적기에 수확하여 포자로 인한 알레르기에 유의하며 성장기간이 짧아 수확하는 인력이 집중되지 않으면 수확시기를 놓치기 쉽다.

원형느타리 1호

특 성

　볏짚, 톱밥, 솜 재배가 가능하며, 갓은 연회색이지만 버섯이 성숙하거나 온도가 높아지면 밝은 회색으로 엷어지며 깔대기형과 우산형의 중간이다. 대가 가늘고 길며 다발형이고 다발이 많은 편이다. 환기는 보통이며, 균사 생장 적온은 25~30℃이며 버섯 생육 적온은 10~16℃이지만 비교적 발생온도의 범위가 넓다. 환경에 대한 적응성이 좋으나 고온이 되면 대가 가늘고 목질화되며 잘 부숴진다. 봄, 가을 재배용이다. 볏짚재배를 할 때 초발이 소요일수는 40일 정도이다. 볏짚재배시 평균수확량은 평당 51kg이며 버섯 한 송이의 무게인 개체중은 16.8g이다.

유 의 점

　최적배양기간은 35~45일 정도이며 종균접종 후 초기에는 균사밀도가 낮으나 배양 후기에는 밀도가 높아진다. 재배사내의 온도가 높아지고 환기가 부족하면 조직이 잘 부숴지며 저온시에는 대가 비대해지는 경우가 있다.

원형느타리 2호

특 성

벼짚, 톱밥, 솜 재배가 가능하며, 갓은 어릴 때는 짙은 회색이었다가 생장해 가면서 점차 연회색으로 되며 모양은 깔대기형과 우산형의 중간이다. 다발형이고 다발이 많아 다수확성이다. 환기는 보통이며, 균사 생장 적온은 25~30℃이며 버섯 생육 적온은 13±3℃이다. 환경에 대한 적응성이 좋으나 생육기에 고온이고 환기량이 적으면 조

직이 잘 부숴지고 저온에는 대가 비대해진다. 가을에서 봄까지 저온기에 재배하는 것이 좋다. 볏짚재배를 할 때 초발이 소요일수는 42일 정도이다. 볏짚재배시 평균수확량은 평당 49.6kg이며 버섯 한 송이의 무게인 개체중은 27.5g이다.

유 의 점

최적배양기간은 35~45일 정도이다. 재배사내의 온도가 높아지고 환기가 부족하면 조직이 잘 부숴지며 저온시에는 대가 비대해지는 경우가 있다.

원형느타리 3호

특 성

벗짚, 톱밥, 솜 재배가 가능하며 폐면 재배가 적합하다. 갓은 회갈색의 반우산형이다. 다발형이고 기존의 원형느타리보다 다발형성이 잘 되고 수확량이 많으며 갓이 작고 대가 굵어 품질이 양호하다. 환기는 많이 요구되고 기존의 원형느타리보다 균사 활력이 좋으며 균사 생장 적온은 25~30℃이며 버섯 생육 적온은 10~15℃이고 초발이가 늦다. 가을에서 봄까지 저온기에 재배하는 것이 좋다. 초발이 소요일수는 36일 정도이며 평균수확량은 평당 41.9kg이고 버섯 한 송이의 무게인 개체중은 18g이다.

유 의 점

버섯의 생육기간 중에 관수를 과다하게 하지 않는 것이 좋으며 기존의 원형느타리보다 환기를 더 많이 해 주어야 하며 볏짚재배보다는 폐면재배가 더 적합하다.

전복느타리 1호

특 성

　톱밥재배용이며 배지는 미송 톱밥 8에 미강 2정도가 좋으며 수분함량은 다른 버섯과 마찬가지로 65~70%가 좋다. 갓은 암갈색이며 깔대기형이고 대는 가늘고 짧으며 단립종이다. 균사 생장 적온은 25~27℃이며 버섯 발이시에는 20℃정도이고 버섯 생육 적온은 28±2℃이다. 습도는 발이 때나 생육 때나 모두 85~90%정도이다. 톱밥재배를 할 때 초발이 소요일수는 35일 정도이고 병당 평균 수확량은 88.3g이며 버섯 한 송이의 무게인 개체중은 12.8g이다.

유의점

　버섯의 발생온도가 높은 편으로 여름재배를 하는 것이 좋으며 균긁기를 하지 않는다.

애느타리 1호

특 성

  톱밥 병재배가 적합하며 배지재료로써 톱밥은 포플러, 미송 등이며 영양제로의 첨가는 미강, 밀기울 등이다. 재료의 배합은 톱밥 8에 미강 2가 적당하다. 갓은 암회색의 우산형이며 다발형이고 품질이 양호하며 환기는 많이 요구된다. 균사 생장 적온은 23~25℃이고 균사배양일수는 20~25일이며 버섯 발이 적온과 습도는 14±1℃, 90~95%이며 생육 적온과 습도는 12±1℃, 80~85%이다. 균긁기를 해주어야 하며 균긁기 후 7~10일이면 발이가 된다. 재배사내의 CO_2 농도는 500~1,000ppm정도이다. 평당 수확량은 병당 81g이다.

유 의 점

  CO_2 농도가 높으면 갈반병이 오거나 대만 길고 갓이 없어 품질이 나빠지거나 또는 죽는다. 균사배양일수는 20~25일을 잘 지켜주어야만 하며 발이시 실내습도는 90%이상이어야 하며 배지 표면이 건조하면 수량이 감소한다.

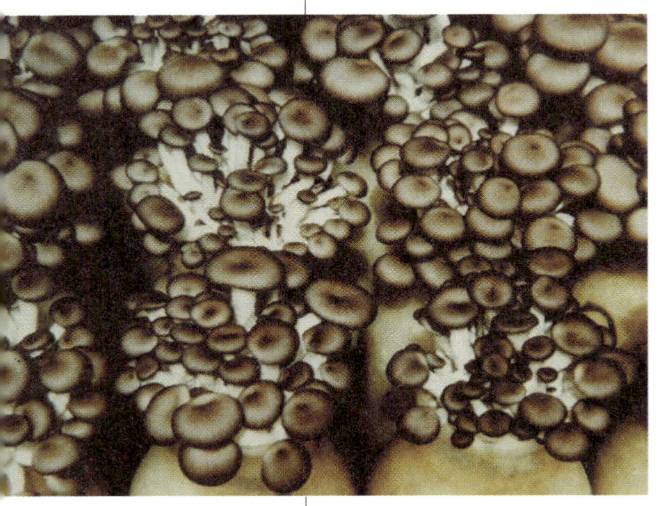

춘추느타리 1호

특 성

벳짚, 톱밥, 솜 재배가 가능하며 폐면 재배가 적합하다. 갓은 연회색의 깔대기형이며 다발형으로 다발형성이 잘 되고 수확량이 많으며 기존의 원형느타리 1호보다 갓이 작고 대가 가는 편이다. 환기는 많이 요구되고 균사 활력이 좋으며 균사 생장 적온은 25~30℃, 버섯 생육 적온은 15~20℃이고 초발이 소요일수는 15일 정도이다. 중온성으로 봄, 가을 재배하는 것이 좋다. 세균성 갈반병에 대한 저항성이 약한 편이다. 폐면재배를 할 때 초발이 소요일수는 15일이며 평균수확량은 평당 51kg이며 버섯 한 송이의 무게인 개체중은 11g이다.

유 의 점

생육기에 환기량이 적으면 갓의 생육이 불량하고 기형 버섯이 많아진다. 또한 겨울철 재배시에 온도가 낮으면 옆으로 눕는 성질이 있어 품질이 나빠지는 경향이 있으며 수분 흡수력이 좋지 않으므로 수확시에는 관수량을 적게 하는 것이 좋다

춘추느타리 2호

특 성

  볏짚, 톱밥, 솜 재배가 가능하며 폐면 재배가 적합하다. 갓은 진회색이고 갓이 피면 깔대기형이다. 다발형이나 다발성이 약한 편이고 기존의 느타리보다 육질이 단단하며 대가 길고 굵은 편이다. 균사 생장 적온은 25~30℃이며 버섯 생육 적온은 16~20℃이다. 환기는 많이 요구되므로 생육기에 환기량을 많게 해준다. 버섯 발생 주기가 뚜렷하지 않으며 버섯 발생시기가 늦어지면 표면의 균사 밀도가 높아 버섯 발생량이 줄어들기 때문에 균사 생장기간을 15일 전후로 하는 것이 좋다. 종균의 표면과 내부 접종량의 비를 4:6으로 하는 것이 좋다. 폐면재배를 할 때 초발이 소요일수는 19일이며 평균수확량은 평당 48.1kg이며 버섯 한 송이의 무게인 개체중은 13g이다.

유의점

  중온성으로 저온기에 재배를 할 때에는 대가 가늘어지고 죽는 버섯이 많으므로 봄, 가을 재배를 하는 것이 좋다. 세균성 갈반병에 대한 저항성이 약한 편이다.

큰느타리 1호

특 성

  톱밥 병재배가 적합하다. 갓은 연한 크림색의 깔대기형이다. 다발형이지만 유효 경수는 3~4개가 좋다. 환기는 많이 요구되며 균사 생장 적온은 25~30℃이고 버섯 생육 적온은 15~18℃이다. 버섯 발생시의 적당한 습도는 95%이상이고 생육시의 적당한 습도는 75~80%이다. 버섯 발생시의 재배사내의 CO_2 농도는 1,000ppm이하가 적당하다. 톱밥재배를 할 때 초발이 소요일수는 11일 정도이고 병당 평균 수확량은 250g이며 버섯 한 송이의 무게인 개체중은 42g이다.

유 의 점

  버섯의 생육시 적당한 습도인 75%이하에서는 포자가 많이 발생된다. CO_2 농도를 조절할 때 상품성을 고려하여 버섯의 모양 및 품질을 인위적으로 좋게 하려면 생육시의 CO_2 농도는 2,000~3,000ppm이 조절되어야 대가 길고 육질이 단단하고 품질이 양호하다. 그러나 상품성만 고려하여 CO_2 농도를 2,000~3,000ppm로 조절하려다 잘못하면 갈반병이 오거나 품질이 나빠지거나 또는 죽는 경우가 있으므로 유의하여야 한다.

흑평느타리 1호

특 성

볏짚, 톱밥, 솜 재배가 가능하며 폐면 재배가 적합하다. 갓은 흑갈색으로 기존의 농기 2-1과 같으며 우산형과 깔대기형의 중간이나 환기 부족시에는 깔대기형에 가깝고 과다할 시에는 갓이 얇아지면서 우산형이 된다. 다발형으로 다발형성이 잘 되고 수확량이 많으며 환기는 많이 요구된다. 균사 생장 적온은 25~30℃이며 버섯 생육 온도는 7~22℃로 비교적 넓은 편이나 적온은 10~16℃로 중온성이다. 병충해에 대한 적응성이 좋으나 일교차가 크면 세균성 갈반병에 걸리기 쉽다. 중온성으로 봄, 가을 재배하는 것이 좋다. 수분 흡수력이 좋지 않으므로 수확시에는 관수량을 적게 하는 것이 좋다.

유의점

저온기 재배시에 인위적인 가온을 하지 않고 10℃이하로 관리해도 오히려 육질이 단단하고 상품성이 좋은 버섯을 수확할 수 있다.

균협 1호

특 성

벗짚, 톱밥, 솜 재배가 가능하며, 갓은 흑갈색
이며 깔대기형이고 다발형으로서 환기가 많으
면 우산형이 된다. 환기는 많이 요구되며 환기
가 많으면 개체 수가 많고 크게 형성된다. 균사
생장 적온은 25~30℃이며 버섯 생육 적온은
8~26℃로서 비교적 발생온도의 범위가 넓다.
폐면 재배시에 초발이 소요일수는 20일 정도이
다. 온도가 높으면 갈색을 띠게 되며 18℃이상
에서는 성장속도가 매우 빠르다.

유의점

버섯의 수분 흡수량이 많으므로 관수량을 충
분히 해주는 것이 좋으나 관수량이 많으면 어
린 버섯이 질식하여 죽을 우려가 있으므로 공
중 습도를 높혀 관리하는 것이 좋다. 특히 1주
기에 수량이 많으므로 환기부족으로 버섯을 죽
이기 쉽다.

옥농 1호

특 성

볏짚, 톱밥, 솜 재배가 가능하며, 갓은 진한 회색이며 반우산형으로 균사생장이 빠르다. 갈반병에 강한 품종이며 개체중이 무겁고 수량이 많고 다발형이다. 환기는 많이 요구되며 균사생장 적온은 25~27℃이며 버섯 생육 적온은 15~18℃로서 중온성으로 봄, 가을재배가 좋다.

유 의 점

폐면 재배시에 종균접종량을 배지 표면과 속의 비율을 3:7로 하고 균사 활착을 25~27℃에서 13~15일에 마치는 것이 좋다.

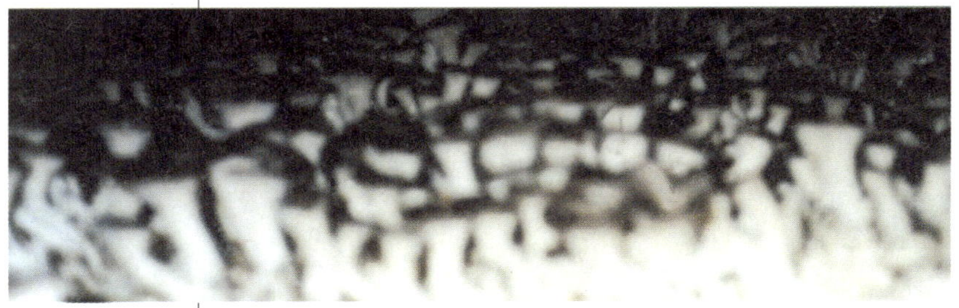

톱밥 병 재배

방 법

느타리버섯 재배는 배지로써 볏짚, 톱밥, 폐면, 밀짚 등을 사용하여 배지를 조성하고 살균한 후 종균을 접종하고 배양하여 생육실에 옮겨 버섯을 재배하는 형태로써 배지조성 방법 및 원료에 따라 구분한다. 톱밥 병 재배는 배지원료로 톱밥을 사용하고 용기로 병을 사용하는 재배법을 말한다. 일반적으로 운반 및 관리가 편리하고 멸균을 할 수 있어 안정적으로 계획생산을 할 수 있는 장점이 있다.

특 징

배합기, 입병기, 살균 솥, 접종기, 탈병기, 배양실, 생육실, 작업실 등 많은 시설이 필요하며 많은 투자가 요구되는 단점이 있으나 한편으로는 안정적으로 계획생산을 할 수 있는 장점이 있어 점차 톱밥 병 재배로 전환되는 추세이다.

톱밥 병 재배

톱밥 야적장 및 선별

사진 1)은 야적장에 톱밥을 야적해 놓고 물을 뿌려 톱밥의 품질을 개선시키는 모습이고 **사진 2)**는 야적된 톱밥의 단면으로써 상부와 하부의 색깔의 차이를 알 수 있다. 상부는 좋은 톱밥이고 변색된 하부는 나무에 있는 수지, 분비물 등이 가라앉아 배지 재료로써 좋지 않은 것이다. **사진 3)**은 톱밥의 굵기를 나타낸 것이며 왼쪽의 톱밥은 너무 고운 톱밥이라 입병 후 공극률이 좋지 않아 균사 활착에 좋지 않으며 오른쪽은 너무 굵어 입병량이 작아 배지의 영양이 부족할 우려가 있다. 따라서 톱밥의 굵기도 재배의 성패를 좌우하므로 톱밥의 관리 및 선택도 신중하게 한다.

1) 톱밥 야적장
2) 적재된 톱밥의 상태
3) 다양한 톱밥의 굵기

미 강

　미강은 벼의 속껍질로써 비타민이 풍부하다. 따라서 미강은 버섯배지의 영양원으로 배지조성시에 많이 첨가하게 되며 지방이 많아 관리를 잘못하면 산패하여 버섯균사의 생장에 나쁜 영향을 준다. 따라서 미강은 신선한 것을 사용하는 것이 좋으며 오른쪽의 것처럼 해균이나 해충에 의해 손상된 것은 좋지 않다.

　대개 미강은 배지량의 10~30%를 첨가하며 버섯의 종류에 따라 양을 달리 한다. 또한 미강을 많이 첨가하면 영양은 좋아지나 배지의 공극률이 낮아져서 균사생장에 지장을 주고 해균이 번식할 수 있으므로 적당한 양을 첨가하도록 한다.

증수를 위한 첨가제

일반적으로 버섯 재배의 주원료인 톱밥(볏짚, 폐솜 등)에 버섯의 수량을 증대시키기 위해 첨가하는 것으로써 시판 중인 각종 영양제, 증량제, 효소제 등이 있다. 영양제는 배지의 영양을 좋게 하여 수확량을 증가할 수 있는 것이며, 대개는 당분과 아미노산 또는 단백질이 풍부한 산업 부산물(쌀겨, 밀기울, 옥수수겨, 대두박, 각종 깻묵 등)을 많이 이용한다. 증량제로는 배지의 주원료를 저렴한 원료로 일부분을 대체하여 수확량을 높이고 배지원료의 비용을 줄일 수 있는 것으로써 대개는 섬유소와 당분이 많은 산업 부산물(콘고푸, 펄프 폐목, 목화대 등)을 이용한다. 효소제로는 배지의 분해를 촉진하고 해균의 침입을 저해하는 항생물질을 분비하는 균류나 효소제를 배지에 섞어 1차 발효시켜 재배하는 것이나 대개는 사용하지 않는다.

※주의 : 산업 부산물 중에 중금속에 오염되지 않은 부산물을 사용하도록 각별한 주의가 요망된다.

배지중의 수분조절

　배지 조성시 배합비율은 대단히 중요하다. 톱밥 8:쌀겨 2의 비율에 수분은 65%가 좋다. 따라서 톱밥이나 쌀겨의 수분이 약 13%정도이므로 이를 850cc병에 약 500g정도 넣는다면 톱밥이 1,100cc(280g), 쌀겨가 320cc(100g), 물이 120cc 정도가 된다. 수분 함량이 맞지 않으면 살균 불량이나 배양 중에 균의 활력저하를 가져와 실패의 위험이 많다.

살균 후 냉각

원인 및 증상

사진 1)은 살균 후 곧바로 살균 솥에서 꺼냈을 때의 공기의 흐름을 나타내고 사진 2)는 살균 솥 내에서 식은 후 외기와 온도가 같은 상태에서의 공기의 흐름이다. 이와 같이 살균 후 살균 솥 내부는 온도가 높고 살균 솥 밖은 온도가 낮기 때문에 온도가 낮은 공기가 높은 공기를 밀어내고 공기의 대류가 일어난다. 이때 외부의 잡균이 병 뚜껑을 통하여 병 내부로 침투하여 각종 잡균 오염의 원인이 된다.

대 책

살균시에 살균 솥 내에서 냉각시켜서 접종실 실내와 온도가 같을 때까지 식은 후 살균 솥에서 꺼내어 종균을 접종하여 잡균의 유입을 막는 것이 중요하다.

살균정도

원인 및 증상

　살균시의 온도나 시간에 따라 배지의 색이 다르다. 왼쪽의 경우는 살균이 덜 된 상태이고 오른쪽의 것은 살균이 과다하게 되어 배지의 색이 진하게 변한 상태이다. 살균이 덜 되면 세균 및 곰팡이같은 잡균이 오염되고 살균이 과다하면 배지의 영양성분이 변하여 버섯의 생육에 좋지 않다.

대 책

　배지 조성시에 수분 함량을 잘 조절하고 살균을 여러 차례 반복 실험하여 자신이 갖고 있는 살균 솥에 따른 살균온도와 시간에 대한 데이타를 구한 후 그에 맞는 적당한 살균이 되도록 살균환경을 잘 설정해 준다.

종균 접종량

원 인

사진 1)은 접종된 종균이나 접종원으로부터 약한 기균사가 형성된 것으로 보아 전체적으로 균사활력이 떨어진 상태이며 사진 2)는 표면이 건조하여 곰팡이가 오염되거나 건조로 인해 균사 활력이 떨어져 약한 상태이다. 이런 곳에서는 버섯의 발이가 잘 되지 않으며 발이가 되어도 수량이 적어진다.

대 책

배양실의 습도를 60~70%로 잘 맞춰주어 배지의 자연 건조를 방지하고 환기, 냉방 및 배양실내의 전체적인 온도의 균일화를 위한 강한 바람은 피한다. 배양 중에 배지의 건조가 발견되면 습도를 90%정도로 올려주고 휀 등에 의한 강한 바람은 삼가한다. 그리고 배양 후 표면 건조를 발견하면 균긁기를 깊이하여 건조된 표면을 긁어낸다.

1) 종균에서 약한 기균사 형성
2) 표면 건조 현상

균사생장 비교

원인 및 증상

  종균 접종 후 5일 정도가 지나면 사진 1)처럼 접종 구 표면에 균사가 이식되는 단계이며 약 10일 정도 지나면 사진 2)처럼 병 표면에는 나타나지 않아도 상당히 균사 활착이 진행된 단계이다. 그리고 사진 3)과 같이 20일 정도 지나면 균사 활착이 완료되며 그 후 약 일주일 정도 숙성시키면 사진 4)와 같이 균사가 만연하게 된다. 이때에 균긁기를 시작하면 좋다.

대 책

  단계별 균사생장을 정상적으로 유도하기 위해서는 적당한 환기와 최적의 온도, 습도 유지가 필수적이며 중간에 균사생장을 유심히 관찰하여 해균의 오염을 방제하고 활력있는 균의 배양과 일률적인 균긁기를 하여 최상의 품질과 다수확을 할 필요가 있다.

1) 접종 후 5일
   자란 것
2) 접종 후 11일
   자란 것
3) 접종 후 20일
   자란 것
4) 접종 후 27일
   자란 것

세균이 오염된 균사의 생장

원인 및 증상

사진 1)에서 왼쪽 병은 정상적인 것이며 오른쪽 병은 세균이 오염된 것이다. 오른쪽의 병이 왼쪽의 정상적인 병에 비해 균사생장이 희미한 것은 세균오염이 되어 오염된 부분의 균사가 약하게 생장한 것이며 이렇게 약하게 된 것을 균사가 잘 배양된 것으로 오인하는 경우가 많으나 활력이 없어 성공적인 재배를 하기가 어렵다. 사진 2)에서처럼 처음에는 잘 자라다가 배양 도중에 균사의 생장점 부분이 굵게 뭉치면서 자라지 못하게 되는 경우가 있다. 이 또한 살균불량으로 인해 내열성 세균이 혼입되어 생기며 갈반병의 원인도 되며 그대로 두면 수확량도 감소한다. 이러한 세균의 혼입은 냉각, 종균접종, 배양 중에 세균이 작업도구나 작업자의 손과 의복으로부터의 감염에 의해 이뤄진다.

대 책

종균접종 도구의 철저한 소독과 살균온도 및 시간 등을 정확히 맞춘다. 그리고 살균, 냉각, 종균접종, 균사배양 중에 세균 및 잡균의 혼입을 방제하며 가능하면 모든 시설을 무균화하며, 특히 오염된 종균을 사용하지 않는 것이 중요하다. 그리고 배양실의 온도가 너무 높지 않도록 여름철 관리가 중요하다.

배양중인 균사의 세균 오염

원인 및 증상

사진에서 균사가 자라지 못한 부분이 세균이 심하게 오염된 것이다. 국부적으로 세균이 심하게 오염되면 전혀 균사가 생장하지 못한다. 배양 중 이러한 것은 신속하게 제거하며 이를 그대로 두면 옆의 것도 오염이 될 수 있으며 그대로 버섯이 자란다해도 수확량이 감소한다. 이런 것은 오염된 종균을 사용하거나 살균, 종균접종, 배양 중에 세균이 감염되어 생기게 된다.

대 책

접종 도구의 철저한 소독과 살균 온도 및 시간 등을 정확히 맞춘다. 그리고 살균, 종균접종, 균사배양 중에 세균 및 잡균의 혼입을 방제하며 특히 오염된 종균을 사용하지 않는 것이 중요하다. 그리고 배양실의 온도가 너무 높지 않도록 여름철 관리가 중요하다.

균사생장의 정지

원인 및 증상

사진 1)은 통기성이 나쁜 마개를 사용하여 배지에 산소 공급이 안되거나 너무 고운 톱밥을 사용하였거나 쌀겨를 너무 많이 넣어 배지의 공극률이 나쁘거나 또는 배지를 너무 많이 입병하여 접종된 종균의 재생균사가 마개의 통기구를 막아 산소 공급이 안되어 균사의 생장이 도중에 멈추게 된 것이다. 또 사진 2)는 배지 조성시에 수분함량이 많아 배양중에 중력으로 수분이 밑으로 내려가 배지내에 통기를 방해하고 탄산가스 농도가 높아져 균사생장에 지장을 초래한 것이다. 만일 이를 개선하지 않고 그대로 두면 수확량도 감소한다.

대 책

통기성이 좋은 마개를 사용하고 적당한 굵기의 톱밥을 사용하며 쌀겨는 배합 비율에 맞도록 사용하여 공극률을 좋게 해 준다. 또한 배지의 수분이 과다하지 않도록 하며 만일 배양중에 수분이 과다한 경우에는 병을 거꾸로 뒤집어 배양하여 과다한 수분이 중력에 의해 개선되도록 한다. 그리고 배지의 량을 너무 병 입구 끝까지 넣지 않도록 하며 배양실의 환기도 잘 되도록 해 준다.

균사생장의 지연

원인 및 증상

사진 1) 왼쪽 끝은 정상이고 오른쪽 것은 사진과 같이 종균접종일은 같은데 균사생장이 느리다. 이는 영양분의 부족, 고운 톱밥이나 과도한 입병으로 인한 공극률 저하, 고압 살균으로 인한 영양분의 손실, 배지의 산패 등이 있겠고, 사진 2)의 왼쪽은 정상이며 오른쪽은 병의 중간에 균사생장하는 것이 경계가 지어 전체적으로 약하고 지연되는 것이 관찰되며 이는 배지의 산패 또는 세균이 오염되어 오염된 부분의 균사생장이 늦으며 균사가 약하게 생장하는 것이 관찰된다.

1) 21일간 균사 생장 모습
2) 22일간 균사 생장 모습

대 책

적당한 굵기의 톱밥과 신선한 영양제(미강 등)를 사용하고 적당량을 입병하여 공극률을 좋게 한다. 또한 배합하여 수분 조정이 끝나면 곧 입병하고 살균하여 산패를 방지하고 살균, 종균접종, 배양 중에 세균 및 잡균의 혼입을 방제하며 특히 오염된 종균을 사용하지 않는 것이 중요하다.

균사배양 중에 고온 장애

원인 및 증상

사진의 오른쪽의 것은 정상적으로 균사가 배양된 것이며 왼쪽과 같이 균사배양이 일정하지 않고 얼룩이 진 것처럼 보이는 것은 배양 중에 고온장애를 입어 균사가 약해진 모습이다. 이러한 일은 배양실의 온도가 높거나 배양중인 병과 병 사이에 통풍이 잘 안되어 배양할 때 나오는 배지의 열이 잘 식지 않아 일어난다. 만일 종균도 이렇게 배양된 종균은 균사 활력이 떨어져 2차 오염을 일으키며 수확량도 감소한다.

대 책

배양실의 온도가 너무 높지 않도록 해주고 배양할 때에 병과 병 사이를 띄워주어 병 사이로 통풍이 잘 되고 배지의 열이 잘 빠져 나오도록 관리하며 특히 여름철 관리가 중요하다.

곰팡이 오염

원 인

종균 접종 후 일주일 내에 전체적으로 연하게 균사가 활착된 것처럼 보이는 경우가 있다. 왼쪽 것은 정상적이고 오른쪽 것은 곰팡이의 균사가 마치 버섯 균사처럼 희게 핀 것이나 버섯 균사보다 밀도가 연하고 반짝이는 윤기가 있다. 시간이 지나면 포자색으로 인해 곰팡이 고유의 색을 띠게 된다. 오염은 대부분 주변환경이 불량하여 공기 중에 곰팡이 포자가 떠다니다가 살균불량이나 냉각 또는 종균접종 중에 배지에 붙어 발아하여 나타난다. 뿐만 아니라 오염된 종균이나 각종 작업기계의 소독이 미비하여도 오염될 수 있으며 배양실의 환경이 나빠도 오염될 수 있다.

대 책

재배사 주변의 환경이 나빠지지 않도록 주의하며 각종 작업 도구 및 작업자의 위생관리를 철저히 하여 오염되지 않도록 하고 철저한 살균과 냉각이나 종균접종을 할 때 곰팡이가 침입하지 못하도록 각별한 주의가 요망된다. 배양 초기에 발견되면 즉시 제거하여 확산을 막는 것이 중요하다.

여러 가지 곰팡이의 오염 형태

원인 및 증상

사진은 대표적인 곰팡이의 오염 상태이며 배양 중에 적색, 녹색, 흑색, 갈색 등의 곰팡이를 발견할 수 있으며 이들 곰팡이 오염은 대부분 주변환경이 불량한 곳으로부터 작업도구에 붙어 있거나 공기 중에 떠다니는 포자에 의해 감염된다. 예를 들면 곰팡이 포자가 배지에 섞여 있다가 살균이 불량하거나 냉각실 또는 접종실의 불량한 환경으로 인해 배지에 혼입되면 발아하여 자라며 시간이 지나면 포자의 색으로 인해 곰팡이 고유의 색을 띠게 된다. 뿐만 아니라 오염된 종균이나 배양실의 환경이 나빠도 오염될 수 있다. 또한 세균에 감염된 배지에 균사의 활력이 떨어졌을 때 2차 감염으로 오염이 되는 수도 있다.

대 책

폐상 후 탈병된 배지는 신속히 처리하여 재배사 주변의 환경이 나빠지지 않도록 주의하며 철저한 살균 및 각종 작업도구의 소독과 작업자의 위생관리를 철저히 하며, 오염되지 않고 활력있는 좋은 종균을 사용하고, 냉각실과 종균 접종실은 무균화하여 곰팡이가 침입하지 못하도록 하여 원천적으로 오염원을 차단하는 것이 버섯재배의 성패를 좌우한다.

세균오염 (I)

원인 및 증상

　살균, 냉각, 배양, 균긁기, 싹틔우기 등 각 공정별 관리를 잘못하여 세균이 오염되어 나타나는 현상으로써 육안으로 보기에 균사 덩이가 스폰지같이 힘없이 보인다. 또한 오염된 뚜껑을 사용하거나 배지에 물을 넣을때 오염된 물을 사용하거나 또는 세균에 오염된 종균을 사용하면 나타난다.

대 책

　배지 조성, 살균, 냉각, 배양, 균긁기, 싹틔우기 등 모든 과정을 철저하게 하여 세균오염을 방제하고 재배 병의 뚜껑과 작업도구는 철저히 소독하여 2차 오염을 방제한다. 뿐만 아니라 세균에 오염되지 않은 좋은 종균을 사용하는 것이 필수적이다.

푸른곰팡이와
붉은빵곰팡이 오염

원 인

　곰팡이 오염은 대부분 재배사 주변환경이 불량하면 그곳으로부터 곰팡이 포자가 공기 중에 떠다니다가 배지원료에 붙어 있다가 살균이 불량하면 발아하여 자라게 된다. 뿐만 아니라 오염된 종균이나 각종 작업도구의 소독이 미비하거나 배양실의 환경이 나쁘면 오염될 수 있다.

　사진 1)은 병 재배의 톱밥배지에 푸른곰팡이의 일종인 트리코마데스에 의해 오염된 것이며 이는 버섯에 가장 큰 피해를 주는 곰팡이다. 푸른곰팡이는 이외에도 페니실리움이나 아스파라길러스 오리자 같은 것이 있으며 사진 2)는 볏짚배지의 균사배양 중에 푸른곰팡이가 오염된 것이다. 사진 3)은 붉은빵곰팡이에 의해 오염된 것이며 이것은 번식력이 대단히 강하며 사진 4)와 같이 폐상 후 탈병된 배지에서 많이 번식한다.

대 책

　폐상 후 탈병된 배지는 신속히 처리하여 재배사 주변의 환경이 나빠지지 않도록 주의하며 각종 작업도구 및 작업자의 위생관리를 철저히 하여 오염되지 않도록 한다.

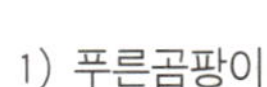

1) 푸른곰팡이
2) 푸른곰팡이
3) 붉은빵
　곰팡이
4) 붉은빵
　곰팡이

털곰팡이

원인 및 증상

  사진은 털곰팡이의 오염 상태이며 갈색의 곰팡이로 사진과 같이 털처럼 보이나 가루로 날려 주변으로 확산된다. 주로 목재에 많이 서식하는 곰팡이로써 원목이나 볏짚재배에서 발견할 수 있으며 이들 곰팡이 오염은 대부분 주변 환경이 불량한 곳으로부터 작업도구에 붙어 있거나 공기 중에 떠다니는 포자에 의해 감염된다. 또는 오염된 종균이나 배양실의 환경이 나빠도 오염될 수 있으며 세균에 감염된 배지에 균사의 활력이 떨어졌을 때 2차 감염으로 오염되는 수도 있다.

대 책

  폐상 후 탈병된 배지는 신속히 처리하여 재배사 주변의 환경이 나빠지지 않도록 주의하며 철저한 살균 및 각종 작업도구의 소독과 작업자의 위생관리를 철저히 하며, 오염되지 않고 활력있는 좋은 종균을 사용하고, 냉각실과 종균 접종실은 무균화하여 곰팡이가 침입하지 못하도록 하여 원천적으로 오염원을 차단하는 것이 버섯 재배의 성패를 좌우한다.

기균사의 발생

원인 및 증상

균긁기 후 5~7일경에 사진과 같이 기균사가 생기는 것은 세균의 오염이 아니라 배지 표면이 건조하거나 발이실의 온도가 배양실과 같으면 균긁기 후 재생 균사가 자라 나타나는 현상이다. 이같은 현상은 발이가 지연되거나 발이가 되지 않아 균사배양을 잘 해도 재배에 실패하는 경우가 된다. 또한 발이가 되어도 기형버섯의 원인이 되므로 주의해야 한다.

대 책

발이실의 온도, 습도, 환기를 적정하게 유지하는 것이 필요하다. 특히 기균사가 생기면 초기에는 습도를 90~95%로 유지시키고 변온을 주어 개선한다.

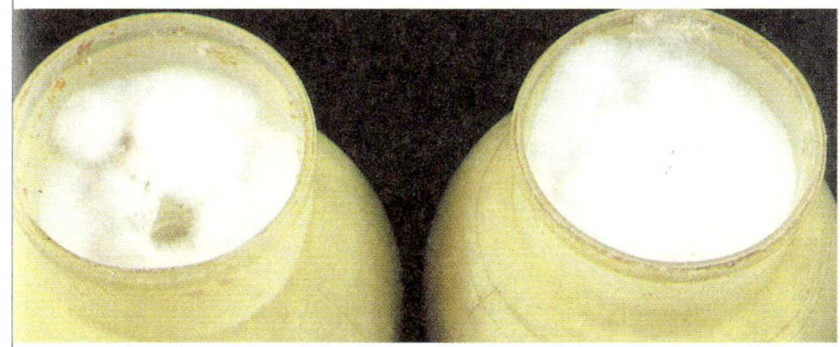

균긁기

원인 및 증상

균긁기는 많은 버섯을 균일하게 발생시키기
위해 사진 오른쪽처럼 표면을 깨끗하게 긁어내
며 접종했던 종균의 노화된 균사도 모두 긁어
내어 배지에서 새로운 균이 나오도록 균긁기를
한다. 그리고 균긁기를 위해 뚜껑을 열었을때
버섯 재배의 성공 여부를 알 수 있다. 이 때 사
진 왼쪽과 같이 균사가 하얗게 잘 피어 있고 튼
튼해 보이면 좋다. 그러나 표면에 해균이 오염
되었거나 표면이 건조해 푸슬푸슬하면 실패한
것이다. 그리고
한쪽에서 이미 원
기가 형성되었거
나 균덩이가 형성
되어 있으면 수확
량이 감소한다.

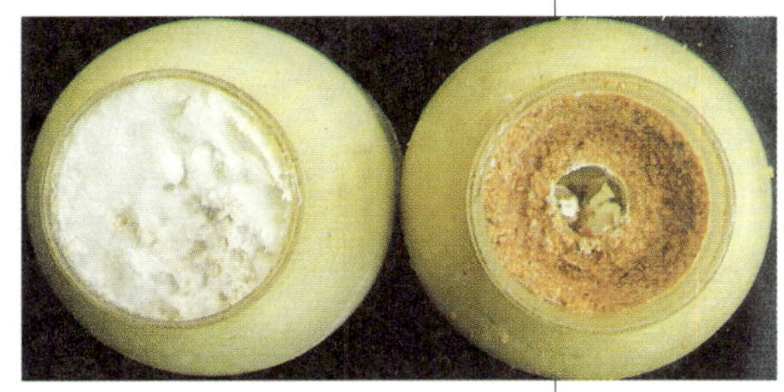

대 책

배양 중 오염원을 차단하고 수시로 오염된 것
은 골라내며 적당한 습도를 유지하여 배지 표
면의 건조를 막아 균의 활력을 유지하도록 한
다. 그리고 배양기간을 잘 준수하여 원기가 미
리 형성되거나 균덩이가 생기지 않도록 해주고
균일한 원기가 형성하도록 균긁기의 표면은 매
끈하게 해 준다. 그리고 병 뚜껑과 작업도구의
소독을 철저히 하여 다음 작업에서 2차 오염을
방제한다.

배양 후 침수

원인 및 증상

배양이 완료되면 균긁기를 한 후 배지에 수분 공급을 위해 병에 가득 물을 부어 배지에 물이 흠뻑 배도록 침수시킨다. 이때에 배양이 잘된 정상적인 배지는 수분을 흡수해도 하얗게 그대로 이지만 세균이 오염되었거나 균사의 밀도가 낮거나 균사의 활력이 없으면 그 부분이 **사진 1)**과 같이 톱밥 배지처럼 색이 변하여 구별이 된다.

1) 배양이 잘못된 배지에 물을 부은 것으로 왼쪽의 것은 상부에 오른쪽 것은 옆면과 밑면에 균사가 보이지 않고 톱밥처럼 보인다
2) 정상적으로 배양된 배지에 물을 부은 것.

대 책

이런 현상이 나타나면 배양을 중단하고 재배 초기부터의 모든 과정을 점검한다. 즉 배지 조성, 살균, 냉각, 종균접종, 배양 등을 할 때에 세균이 오염되지는 않았는지 배양 중에 오염되지는 않았는지 균긁기, 싹틔우기 등 모든 과정 하나하나를 철저하게 점검하고 세균 및 곰팡이에 오염된 종균을 사용하지는 않았는지 등을 철저하게 분석하고 검토하여 원인을 제거하는 것이 필수적이다.

원기형성 단계

특 징

사진 1)은 균긁기 후 3~4일 후에 균사의 재생 모습이며 사진 2)는 원기가 돋은 상태의 확대사진이다. 사진 3)은 원기가 조금씩 자라는 정상적인 모습이며 균긁기 후 약 일주일 정도 된 것이다.

대 책

온도, 습도, 탄산가스 농도 등에 특히 유의하여야 한다. 탄산가스 농도는 400ppm이하가 되도록 유의할 것.

1) 균긁기 후 3~4일 후의 균사 재생 모습
2) 원기의 확대 모습
3) 상태가 정상적인 원기형성 모습

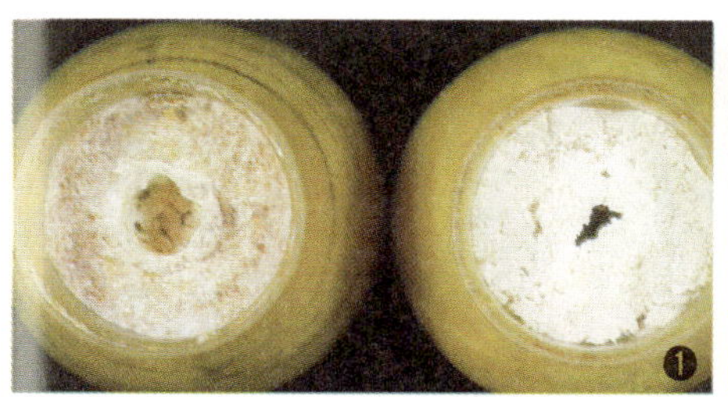

균덩이 발이

원인 및 증상

균긁기를 하고 버섯 발이를 유도할 때는 최적의 온도, 습도, 탄산가스 농도 등 실내 조건을 맞춰 주어야 하며 만일 실내 조건이 맞지 않는 경우에는 정상적인 발이가 되지 않아 기형버섯이 발생되거나 수확량이 감소한다. 특히 사진과 같이 균이 뭉치고 그 위에 원기형성이 다량 되어 결국에는 버섯의 기형과 수량 감소를 초래하는 경우가 있다.

대 책

생육 중에 온도의 심한 변화와 과습을 피하고 환기 등을 잘 해주고 실내의 탄산가스 농도를 낮게 해주어 이로 인한 장해를 입지 않도록 평상시의 환경관리를 잘 해준다.

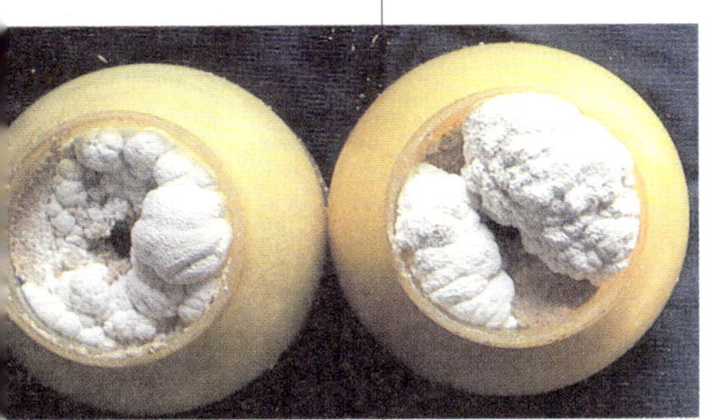

세균오염(Ⅱ)

원인 및 증상

탁하고 황색의 물 방울이 생기는 현상으로 세균이 오염된 것이다. 다만 물방울이 작고 적으면 문제가 없지만 어느 정도 크면 세균의 오염이므로 원기형성이 적게 되고 희게 되며 버섯이 자라도 갈변하여 죽는 현상이 나타나는데 이는 세균 *Pseudomonas tolaasii*에 의해 병해를 입는 것이다. 원인은 살균, 냉각, 종균접종, 배양, 균긁기 등을 할 때 세균이 감염되거나 오염된 종균을 사용하면 이러한 현상이 나타난다. 또한 생육 조건이 좋지 않으면 오염의 피해가 더욱 심하며 설사, 배양 중에 세균이 감염되지 않았다 하더라도 생육 조건이 좋지 않으면 균사 활력이 떨어져 공기중의 세균이 감염되어 나타나는 수도 있다.

대 책

재배 초기부터 배지 조성, 살균, 냉각, 종균접종, 배양 등을 할 때에 세균이 오염되지 않도록 오염원을 차단하고 배양 중에 오염된 것을 잘 선별하여 버리고 생육기간 중에도 균의 활력이 떨어지지 않도록 각별히 주의한다.

발이불량

원인 및 증상

균긁기 후 4~5일이 지나도록 원기가 형성되지 않는 경우가 있다. 좌측은 표면에 약한 기균사가 생겨 발이가 되지 않은 경우로써 배양 중에 고온장해나 세균오염으로 균사활력이 나빠질 때 생기며, 우측은 반대로 재생균사가 두껍게 만연하여 원기가 형성하지 못하는 경우로써 균긁기시에 오염된 세균에 의해 균사의 생리적 변화가 초래되어 원기형성이 저해된 것이다.

대 책

배양 중에 고온장해를 입지 않도록 온도관리를 잘 해주어 균사의 활력이 떨어지지 않도록 해주며 작업 도구 등을 잘 소독하고 매 작업과정마다 세균에 오염되지 않도록 주의한다.

생육장애

원인 및 증상

　사진에서처럼 발이가 된 후에 가운데가 자라지 못하고 죽는데 이는 세균이 오염된 것이다. 이것은 균긁기를 할 때와 또는 배지에 물을 주입할 때에 균긁기의 날이 오염되었거나 오염된 물을 사용하면 세균이 오염되어 일어난다. 때로는 오염된 종균을 사용하여 일어날 수도 있으며 그대로 두면 기형의 버섯이 발생하거나 수확량이 감소한다.

대 책

　접종 도구의 철저한 소독, 철저한 살균, 냉각, 종균접종, 배양, 균긁기, 가수 등을 오염되지 않도록 정확히 하여 세균 및 잡균의 혼입을 방제하며 특히 오염된 종균을 사용하지 않는 것이 중요하다.

갓의 발생 지연

원인 및 증상

사진 1)은 발이가 너무 침상으로 많이 되었고 사진 2)는 발이는 정상적으로 되었으나 갓의 생성이 지연되고 대만 길게 자란 것이다. 이런 현상은 재배사 실내의 탄산가스 농도가 600ppm이상으로 높아서 발이가 침상으로 많이 되거나 또는 발이가 정상적으로 되는 버섯이 자라는 가운데 탄산가스 농도가 높아지면 갓의 생성이 지연되고 대만 길게 자라다 결국에는 고사한다. 설사 죽지 않고 자라도 버섯의 기형과 수량 감소를 초래한다.

대 책

생육 중에, 환기를 잘 해주어 탄산가스 농도를 300~ 400ppm 이하가 되도록 환경 관리를 잘 해준다.

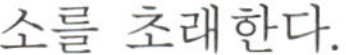

발이수의 부족

원인 및 증상

왼쪽은 정상적인 발이 모습이며 오른쪽은 발이수가 부족하고 좋지 않은 상태이며 발이수가 부족하면 전체적인 수확량이 감소한다. 원인은 배지의 량이 작을 때, 배지의 영양분이 부족할 때, 세균의 오염으로 균사활력이 저하했을 때, 활력이 나쁜 종균을 사용했을 때 등이다.

대 책

세균오염에 대비하고 활력있는 우량 종균을 사용하고 배지의 영양을 고려하여 배지조성을 균형있게 잘 하고 입병량을 적당하게 한다.

어린 버섯의 고사현상

원인 및 증상

초기에는 버섯이 잘 자라다가 갑자기 버섯의 생장이 정지하고 갈변하여 죽는 현상이 나타나는데 이는 *Basillus* 계통의 내열성 세균에 의해 병해를 입는 것이다. 생육기에 과습으로 나타나지만 원인은 살균, 냉각, 종균접종, 배양, 균긁기 등을 할 때 세균이 감염되거나 오염된 종균을 사용하면 이러한 현상이 나타난다. 또한 배지조성시에 영양분이 부족하거나 세균에 의해 생육 조건이 좋지 않아 영양공급이 제대로 되지 않을 때도 나타난다.

대 책

배지 조성시에 영양분의 균형을 잘 유지하고 영양공급이 잘 되도록 해주며, 살균, 종균접종, 배양 등을 할 때에 부주의로 오염될 수 있는 내열성 세균의 오염을 차단하고 생육시에 온도, 습도, 환기 등을 잘 맞도록 관리해 준다. 환기는 탄산가스 농도가 약300~400ppm이 되도록 환경관리를 잘 해준다.

가운데 죽는 현상

원인 및 증상

　사진 1)은 어린 버섯이고 사진 2)는 수확기의 버섯모습이다. 이와 같이 가운데 죽는 현상은 배양 중에 세균이 감염되었거나 고온장해를 받았을 때, 생육관리 중의 버섯 관리

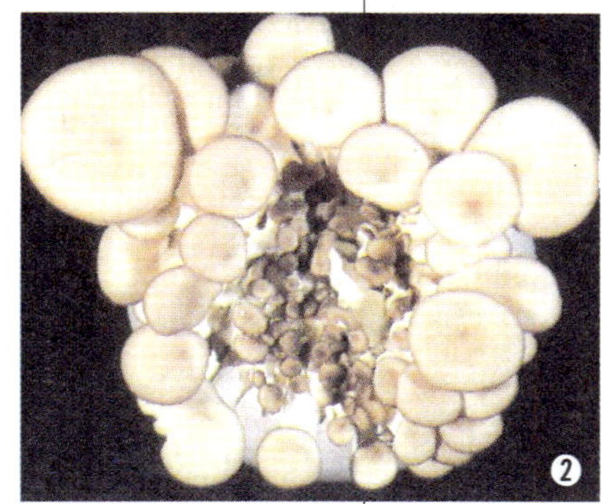

를 과습한 상태로 했거나 환기가 부족했을 때, 또는 급격한 재배사 내의 일교차 등으로 균의 활력이 떨어질 때 나타나며 특별한 치유책은 없다.

원 인

　무엇보다도 활력이 좋고 세균에 오염되지 않은 종균을 사용하고, 배양 중에 고온장애를 받지 않도록 저온배양하고 생육환경을 좋게 하여 균의 활력을 좋게 유지 관리하도록 한다.

싹이 트면서 갈반병이 올 때

원인 및 증상

일부분의 버섯의 생장이 정지하고 갈변하여 죽는 현상이 나타나며 이는 세균 *Pseudomonas tolaasii*에 의해 병해를 입는 것이다. 고온기에 과습으로 나타나지만 원인은 살균, 냉각, 증균접종, 배양, 균긁기 등을 할 때 세균이 감염되거나 오염된 종균을 사용하면 이러한 현상이 나타난다. 또한 생육 조건이 좋지 않을때 이러한 갈반병 증세가 더욱 심하다. 또한 배양 중에는 오염이 안되었다 할지라도 생육 조건이 좋지 않을 때에 균의 활력이 약해지면 공기중의 세균이 오염되어 나타나기도 한다.

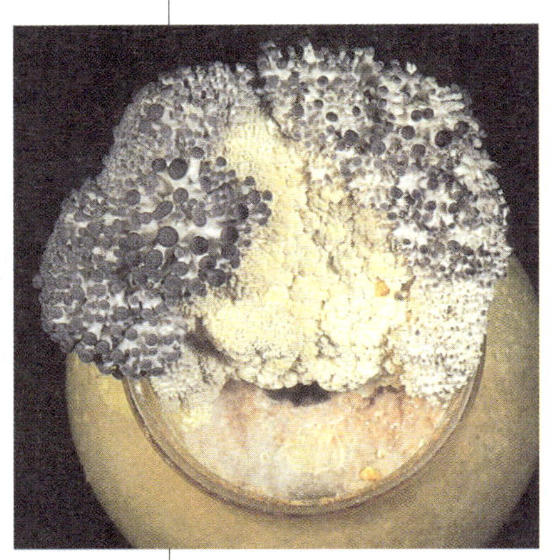

대 책

재배 초기부터 배지 조성, 살균, 냉각, 종균접종, 배양 등을 할 때에 오염원을 차단하고 생육 시기에도 온도, 습도 등을 최적으로 관리해 주고 특히 환기를 잘 해주어 탄산가스 농도를 300~400ppm이하가 되도록 환경관리를 잘 해준다.

고온장애 버섯

원인 및 증상

원기 형성 후에 실내 온도가 높고 탄산가스 농도가 높은데서 버섯이 생장하면 사진과 같이 갓이 작고 대가 긴 버섯이 된다. 이러한 버섯은 상품성이 떨어지고 수량이 적다. 또한 고온과 고농도의 탄산가스로 계속 환경이 나쁘게 되면 *Pseudomonas tolaasii*에 의한 갈반병이 생기기 쉽다.

대 책

생육 초기부터 온도, 습도 등을 잘 맞도록 관리해 주고 환기를 잘 해주어 탄산가스 농도를 300~400 ppm이하가 되도록 환경관리를 잘 해준다.

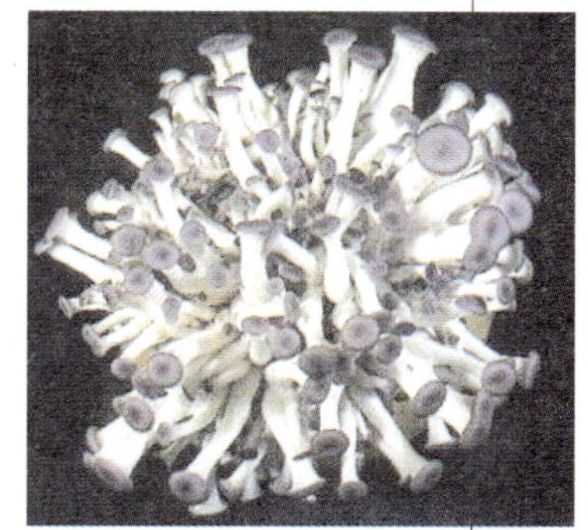

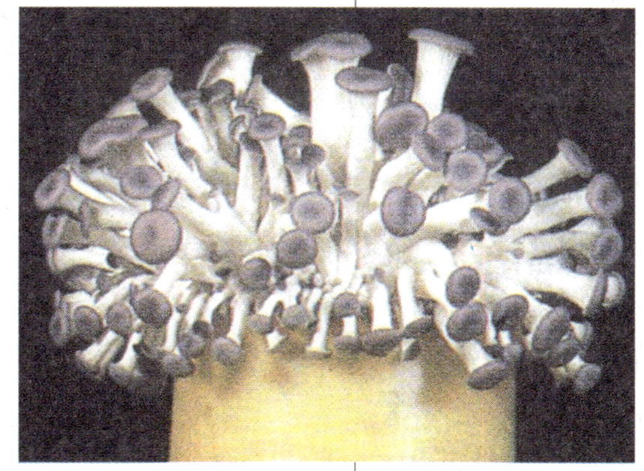

탄산가스 장애

원인 및 증상

사진 1)은 생육관리 중에 과습이나 환기가 부족하여 버섯이 고사한 모습이며 사진 2)는 죽지는 않았지만 탄산가스 장애가 나타나 기형버섯이 된 것이다. 따라서 탄산가스 농도를 600ppm 이상으로 관리하면 탄산가스 장애가 나타나 사진 1)과 같이 버섯이 가늘고 그 끝이 삐쭉한 모습으로 고사하거나 살아도 사진 2)와 같이 기형버섯이 되어 상품성이 떨어지고 수확량도 감소한다.

대 책

재배사의 환기를 잘 해주어 재배사 내의 생육환경을 탄산가스 농도가 300ppm이하가 되도록 관리하고 겨울철 난방은 가능하면 탄산가스가 발생되는 난로 등을 사용하기보다는 온수 보일러 등을 사용한다.

1) 어린 버섯의 장애
2) 생육중의 장애

갓의 변형(Ⅰ)

원인 및 증상

균긁기를 마치고 발이를 유도할 때에 탄산가스 농도가 높거나 습도가 높으면 배지 표면에 피막이 생기고 그런 상태에서 원기가 형성되면 피막이 버섯의 갓에 붙어 이런 증상이 나타난다. 또한 생육관리 중에 과습이나 환기가 부족하면 갓의 변형이 나타난다.

대 책

원기 형성시의 생육 환경을 최적의 습도와 온도를 유지하고 탄산가스 농도가 높지 않도록 특별히 유의하며 가능한 300ppm이하로 관리하는 것이 이상적이다.

정상의 원기형성

원인 및 증상

정상적으로 생장하는 버섯이란 갓의 색, 가지 수, 크기 등 모든 것이 정상적이란 말이다. 또한 이는 재배사의 모든 생육 조건이 정상일 때 가능하다. 이렇게 자라야 상품성과 수량성이 높다.

대 책

최적의 품종과 우량종균을 사용하며 생육 초기부터 최적의 온도, 습도, 광 등을 잘 관리해 주고 환기는 탄산가스 농도를 300~400ppm이 되도록 환경관리를 잘 해준다.

생육 중에 균사생장

원인 및 증상

사진과 같이 버섯의 전체, 가장자리, 가운데, 대, 갓 등지에 균사같은 것이 형성되어 버섯의 품질을 저하시키는 현상이 나타나는 것은 버섯의 활력이 떨어져 생육 기능이 저하되거나 더 이상 버섯이 생육하기 어려울 때에 나타난다. 또는 환기가 불량하여 재배사 내에 고농도의 탄산가스가 배출되지 못함으로 인해 버섯의 생육이 정지되거나 고온으로 인해 고사상태의 장해가 나타나면 조직을 재생하려는 버섯 자체의 생리적 현상으로써 환경이 불량한 재배사에서 나타난다.

대 책

반드시 활력이 좋고 오염되지 않은 종균을 사용하고 재배사의 온도, 습도, 환기 등 배양조건 및 생육환경을 좋게 하고 균 긁기 시기를 잘 지키며 버섯의 활력이 떨어지지 않도록 유의한다.

갓의 변형(Ⅱ)

원인 및 증상

버섯의 생육시기에 해충을 구제하려고 유기
인산제의 살충제를 살포하거나 또는 일반적인
농약에 노출되면 이런 증상이 나타나므로 주변
의 과수원이나 농토에서 살균제나 농약이 바람
에 날려 들어오면 나타난다.

대 책

생육관리 중에 해충이 발생되거나 들어오지
못하도록 방충망 설치 등 재배관리 및 시설관
리를 잘 하고 살충제나 농약을 사용하지 않는
다. 주변의 과수원이나 농토에서 살균제나 농약
이 바람에 날려 들어오지 않도록 잘 관리한다.

갓에서 원기가 형성된 기형버섯

원인 및 증상

버섯의 전체, 가장자리, 가운데, 대, 갓 등지에 원기가 형성되어 새로운 버섯이 자라는 현상이 나타나는 것은 버섯의 활력이 떨어져 생육 기능이 저하되거나 더이상 버섯이 생육하기 어려울 때에 나타난다. 또는 환기가 불량하여 재배사 내에 고농도의 탄산가스가 배출되지 못하므로 인해 버섯의 생육이 정지되거나 고사상태의 장해가 나타나면 조직을 재생하려는 버섯 자체의 생리적 현상으로써 환경이 불량한 재배사에서 나타난다.

대 책

반드시 활력이 좋고 오염되지 않은 종균을 사용하고 재배사의 환경을 좋게 하고, 버섯의 생육관리 중에 환기를 충분히 해주어 탄산가스 등으로 버섯의 활력이 떨어지지 않도록 한다.

갈반병 (Ⅰ)

원인 및 증상

사진은 *Pseudomonas tolaasii*라는 세균의 오염으로 유발된 갈반병의 모습이다. 대개의 감염경로는 살균 후 냉각, 종균접종 때 외기 중에 있는 세균이 감염되거나 또는 오염된 종균을 접종하면 감염된다. 그리고 버섯의 생육 중에 환기가 부족하거나 또는 고온 및 과습으로 인해 균의 활력이 떨어질 때 2차적으로 감염되어 나타난다.

대 책

반드시 활력이 좋고 오염되지 않은 종균을 사용하고, 살균, 냉각, 종균접종, 배양관리 등을 철저히 하여 오염을 막고, 버섯의 생육 환경도 좋게 하여 균의 활력이 저하되어 오는 2차 감염을 예방하며 특히 배양 중에 고온장애를 받지 않도록 저온배양하고 생육환경을 좋게 하여 균의 활력을 좋게 유지 관리하도록 한다.

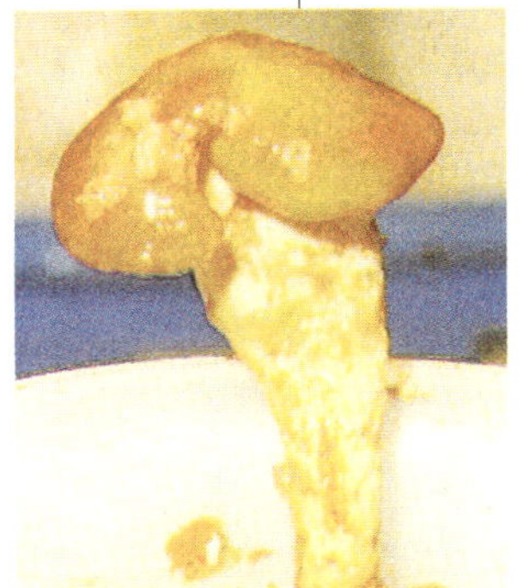

갈반병 (Ⅱ)

원인 및 증상

갈반병(Ⅱ)의 원인은 *Pseudomonas tolaasii* 라는 세균의 오염으로 유발된다고 밝혀졌으며 감염 경로는 살균을 한 후에 종균을 접종하기 위하여 냉각할 때나 종균을 접종할 때 외기 중에 있는 세균이 감염되거나 또는 오염된 종균을 접종하면 감염된다. 고온장해를 받았을 때, 생육관리 중의 버섯 관리를 과습한 상태로 했거나 환기가 부족했을 때, 또는 급격한 재배사 내의 일교차 등으로 균의 활력이 떨어질 때 2차적으로 감염되어 나타나며 특별한 치유책은 없다.

대 책

반드시 활력이 좋고 오염되지 않은 종균을 사용하고, 살균, 냉각, 종균접종, 배양관리 등을 철저히 하여 오염을 막고, 버섯의 생육환경도 좋게 하여 균의 활력이 저하되어 오는 2차 감염을 예방한다.

갈반병(Ⅲ)

원인 및 증상

갈반병(Ⅲ)의 원인은 *Pseudomonas tolaasii* 라는 세균의 오염으로 유발된다고 밝혀졌으며 감염 경로는 살균을 한 후에 종균을 접종하기 위하여 냉각할 때나 종균을 접종할 때 외기 중에 있는 세균이 감염되거나 또는 오염된 종균을 접종하면 감염된다. 그리고 배양이 잘 되어도 버섯이 생육하면서 환기가 부족하여 산소 공급이 잘 안되거나 또는 고온 및 과습으로 인해 균의 활력이 떨어질 때 2차적으로 감염되어 나타난다.

대 책

반드시 활력이 좋고 오염되지 않은 종균을 사용하고, 살균, 냉각, 종균접종, 배양관리 등을 철저히 하여 오염을 막고, 버섯의 생육 환경도 좋게 하여 균의 활력이 저하되어 오는 2차 감염을 예방한다.

갈변병(Ⅰ)

원인 및 증상

갈변병(Ⅰ)의 원인은 *Pseudomonas tolaasii* 라는 세균의 오염으로 유발된다고 밝혀졌으며 감염 경로는 살균을 한 후에 종균을 접종하기 위하여 냉각할 때나 종균을 접종할 때 외기 중에 있는 세균이 감염되거나 또는 오염된 종균을 접종하면 감염된다. 그리고 배양이 잘 되어도 버섯이 생육하면서 환기가 부족하여 산소 공급이 잘 안되거나 또는 고온 및 과습으로 인해 균의 활력이 떨어질 때 2차적으로 감염되어 나타난다.

대 책

반드시 활력이 좋고 오염되지 않은 종균을 사용하고, 살균, 냉각, 종균접종, 배양관리 등을 철저히 하여 오염을 막고, 버섯의 생육 환경도 좋게 하여 균의 활력이 저하되어 오는 2차 감염을 예방한다.

갈변병(Ⅱ)

원인 및 증상

갈변병(Ⅱ)도 갈반병의 원인균인 *Pseudomonas tolaasii*라는 세균의 오염으로 유발된다고 밝혀졌으며 감염 경로는 살균을 한 후에 종균을 접종하기 위하여 냉각할 때나 종균을 접종할 때에 외기 중에 있는 세균이 감염되며 또는 오염된 종균을 접종하면 감염된다. 그리고 생육기에 환기가 부족하여 산소 공급이 잘 안되어 생육에 지장을 줄 때 또는 일교차가 크거나 고온 및 과습으로 인해 균의 활력이 떨어질 때 2차적으로 감염되어 나타난다. 사진 1)은 갈변병에 걸린 버섯의 모습이며 사진 2)는 갈변병에 걸린 왼쪽의 버섯과 정상의 오른쪽 버섯을 비교한 것이며 사진 3)은 어린버섯에 나타나는 초기의 갈변병이며 사진 4)는 이를 확대한 사진이다.

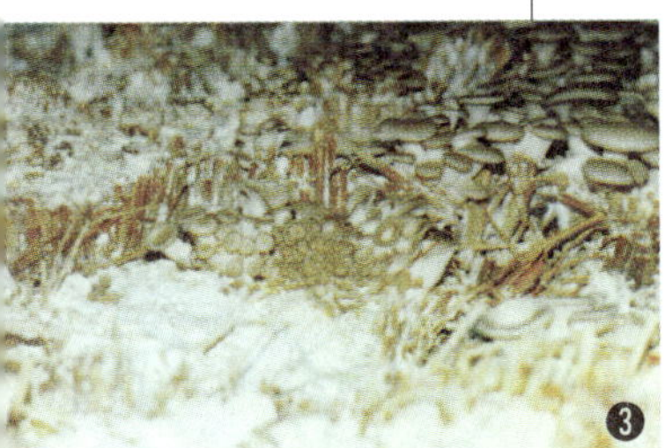

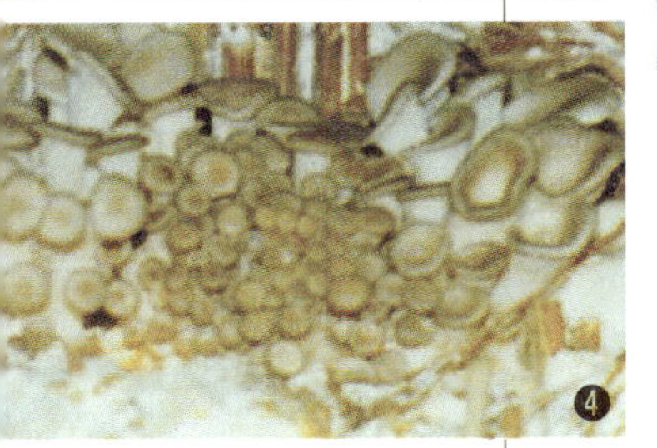

대 책

반드시 활력이 좋고 오염되지 않은 종균을 사용하고, 살균, 냉각, 종균접종, 배양관리 등을 철저히 하여 오염을 막고, 버섯의 생육 환경도 좋게 하여 균의 활력이 저하되어 오는 2차 감염을 예방한다.

정상적인 버섯 발생

원인 및 증상

세균이나 곰팡이 등에 오염되지 않은 활력있는 종균을 사용하고, 균형있는 배지조성, 최적의 수분조절, 철저한 살균, 오염되지 않은 곳에서의 충분한 냉각, 무균 시설에서의 종균접종, 무균 시설에서의 배양 등 오염되지 않고 버섯 균의 활력을 최상으로 관리 하고, 최적의 온도, 습도, 환기, 광 등을 조절하여 버섯 생육관리를 버섯 생육에 적합하게 잘 관리를 해주면 최고의 품질과 최다의 수량을 수확할 수 있다.

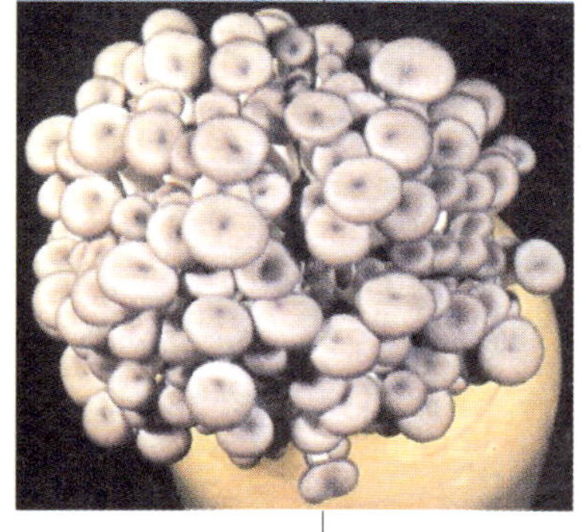

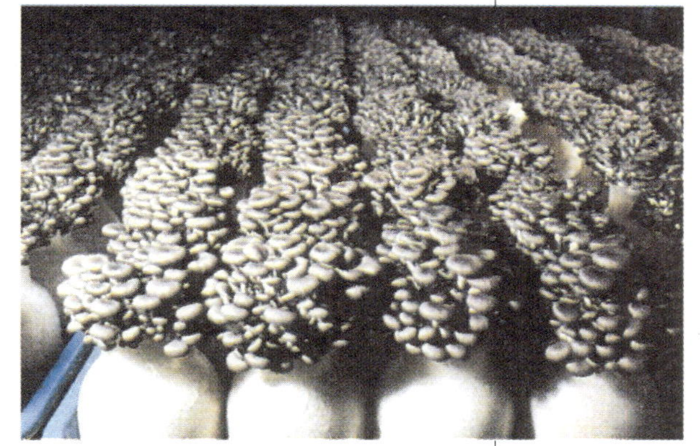

대책

오염되지 않고 활력있는 종균의 사용과 배양 및 생육과정에 있어서 활력이 떨어지지 않도록 각 과정을 잘 관리한다.

버섯수량의 비교

원인 및 증상

정상적으로 생장하는 버섯이라도 버섯품종, 배지의 영양, 재배 환경, 세균 등 잡균의 오염, 균의 활력 등 여러 요인에 따라서 최종수량은 차이가 많다. 따라서 품질이 좋은 버섯을 다수확 하려면 좋은 품종의 우량종균을 사용하며 최적의 배지조성과 최적의 환경조성이 필수적이다.

대 책

배지 조성시에 최적수종의 최적 크기의 톱밥을 사용하고 신선한 영양제의 균형있는 바합과 최적의 수분조절이 중요하며 철저한 살균, 살균 후 냉각, 종균접종, 배양 등의 각 과정에서 세균 및 잡균의 오염을 방제하고 좋은 품종의 활력 있는 종균의 접종과 배양 및 생육시에 온도, 습도 등을 잘 맞도록 관리해 주고 환기를 잘 해 주어 탄산가스 농도를 300~400ppm이 되도록 환경관리를 잘 해준다.

1) 정상 수량의 버섯
2) 정상 수량과 적은 수량의 버섯 비교

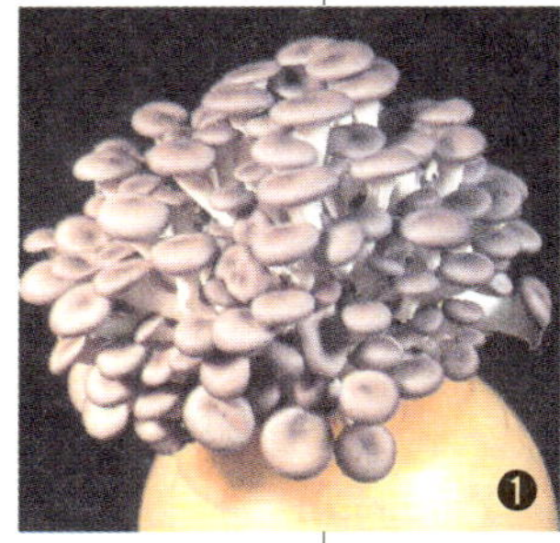

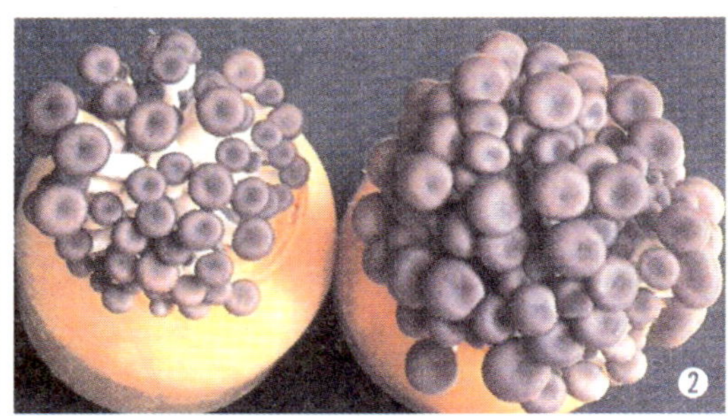

버섯의 색

원인 및 증상

버섯의 색은 광을 적게 받는 어두운 곳에서 자라면 연해지고 광을 많이 받는 환한 곳에서 자라면 진해지며, 또한 자라는 온도에 따라 빨리 자라면 색이 연해지고 저온에서 천천히 자라면 진해진다. 사진 1)은 버섯의 수확 시기가 지나 너무 크게 자라서 색이 변한 것이며 사진 2)는 정상적인 버섯의 색으로 색도를 비교한 것이다.

대 책

생육관리 중에 버섯의 색을 관찰하면서 버섯에 광을 조절해 주고 버섯의 생육 온도를 적온에 맞추어 버섯의 색으로 인해 품질이 떨어지지 않도록 한다. 자연 산광이 좋으나 어두운 재배사에서는 전등을 이용하여 광을 조절한다.

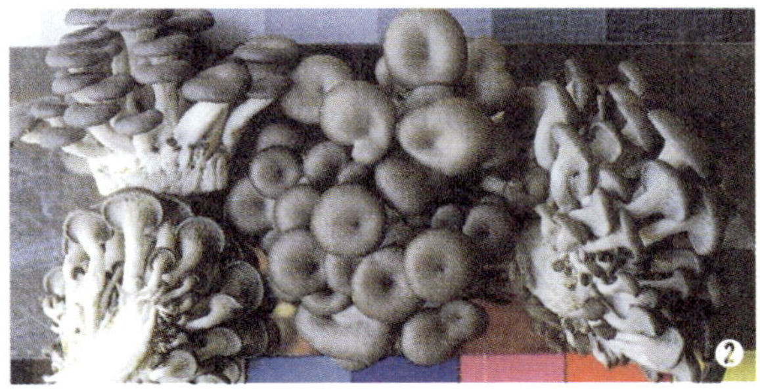

수확 및 포장

방 법

재배 병에 수확시기까지 자란 버섯을 균상에서 직접 수확하는 방법이 있고 재배 병이 담긴 콘테이너를 수확실로 옮겨 수확하는 방법이 있다. 이런 방법은 작업이 편리하고 인건비를 줄일 수 있으나 모두 수확을 하기에 적합하도록 버섯의 크기가 일정하여야 한다. 위의 사진은 생육실에서 직접 버섯을 수확하는 모습으로써 수확적기의 버섯만 골라 수확할 수 있다. 수확 방법은 버섯다발을 손에 쥐고 밑둥채 전체를 뽑듯이 하여 버섯 밑둥에 톱밥 배지가 묻어나도록 수확한다. 수확 후 포장은 밑에 붙은 톱밥 배지를 칼로 다듬은 다음에 대개는 P.S.P재질의 그릇에 버섯을 100g씩 담고 경우에 따라서 200g씩 담아 랩으로 포장한다.

포장 후 갈반병

원인 및 증상

  사진은 유통 중에 생긴 갈반병이다. 이러한 갈반병의 원인은 *Pseudomonas tolaasii*라는 세균의 오염으로 유발된다고 밝혀졌으며, 대개의 감염 경로는 살균을 한 후에 종균을 접종하기 위하여 냉각할 때나 종균을 접종할 때에 외기 중에 있는 세균이 감염되며 또는 오염된 종균을 접종하면 감염된다. 그리고 배양이 잘 되어도 버섯이 생육하면서 환기가 부족하여 산소 공급이 잘 안되거나 또는 고온 및 과습으로 인해 균의 활력이 떨어질 때 2차적으로 감염되어 나타난다. 사진은 이러한 경로로 오염된 세균이 버섯의 육질 중에 잠재해 있다가 출하 후 유통시간이 오래되어 균의 활력이 떨어질 때 나타난다.

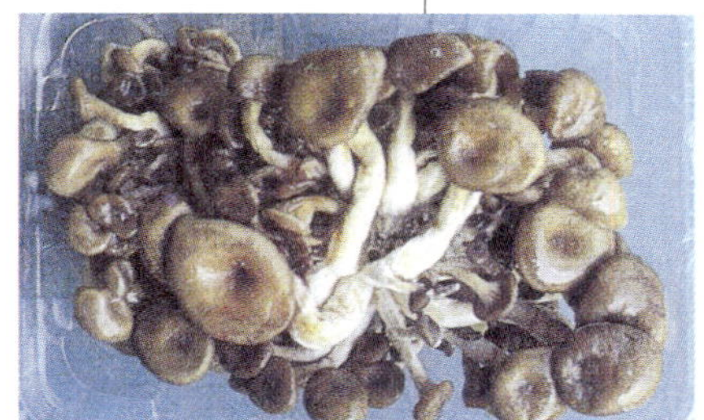

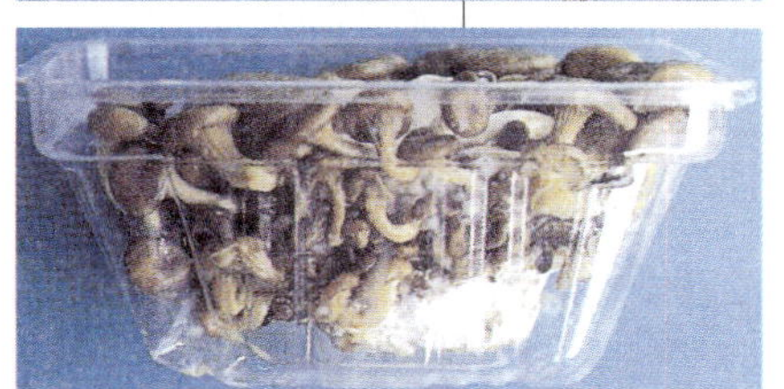

대 책

  반드시 활력이 좋고 오염되지 않은 종균을 사용하고, 살균, 냉각, 종균접종, 배양관리 등을 철저히 하여 오염을 막고, 버섯의 생육환경도 좋게 하여 균의 활력이 저하되어 오는 2차 감염을 예방하며, 유통기간을 최대한 짧게 하고 유통중의 온도를 낮게 유지하여 세균오염으로 인한 상품의 품질 저하를 막는다.

노지 재배

방 법

밭과 같은 노지에 사진과 같이 활대를 하고 차광망을 해주어 피음을 해주고 균사 활착이 완료된 배지를 땅에 묻어 재배하는 방식으로 사진 1)은 톱밥배지를 배양하여 균사배양이 완료되면 톱밥배지 전체를 땅에 묻고 흙을 배지 위로 1~2㎝를 덮히도록 완전히 묻는다. 사진 2)는 원목재배로써 버섯 균이 배양된 원목을 사진 2)와 같이 땅에 원목을 2/3만 묻고 1/3은 땅위로 나오도록 묻어 재배하는 형태로써 습도유지가 자연적으로 잘 되도록 하는 것이다. 이렇게 노지 재배의 특징은 균사 활착이 완료된 톱밥 배지나 원목을 땅에 묻어 토양의 습도를 이용해 습도유지가 자연적으로 잘 되도록 하는 것이다.

유 의 점

물을 줄때 흙이 튀어 버섯에 묻지 않도록 분무기로 관수한다.

1) 톱밥 배지의 노지 재배
2) 원목의 노지 재배

봉지 재배

방 법

 조성된 배지(볏짚, 톱밥, 폐면, 밀짚 등)를 비닐 봉지에 넣어 재배하는 것이다. 버섯의 발생은 비닐에 일정한 간격으로 구멍을 뚫어 버섯을 재배하는 형태이다.

특 징

 애느타리 병재배시에 많은 병이 필요하나 봉지재배는 병이 필요없이 사진의 버섯 발생 모습처럼 애느타리 재배가 가능하다.

볏짚토막

방 법

  일반적으로 농가에서 비닐 하우스 간이 재배사에서 볏짚, 폐면 등을 배지 원료로 하여 재배를 많이 하고 있으며 폐면재배 이전에는 볏짚재배가 주류를 이루었다. 배지 원료인 볏짚을 배지로 조성하는 방법은 사진 1)과 같이 볏짚을 묶어 다발을 만들고 이것을 사진 2)와 같이 토막내어 원목 토막처럼 만들어 침수하여 수분조절을 하고 균상에 입상, 살균, 종균접종, 배양, 생육 등을 하여 재배한다. 이때 볏짚토막의 굵기는 적당하게 임의로 하지만 토막의 길이는 수확량과 밀접한 관계가 있으므로 20~30cm로 하였다. 가장 적당한 길이는 30cm로 했을 때 단위 면적당 수확량이 약100kg/평으로 가장 높았으나 볏짚의 길이가 길어 잡균의 오염이 있으므로 25cm가 적당하다는 농촌진흥청의 연구보고가 있다. 그리고 최근에는 볏짚을 묶어 절단하여 판매하는 상인들이 있어 사진 3)과 같은 볏짚토막을 구입하여 볏짚다발 및 토막을 치는 수고를 하지 않아도 된다. 또한 수분조절이 된 토막을 야외발효를 시켜 재배하기도 하는데 이는 살균 불량에 의한 잡균오염 등으로 인한 실패 위험을 줄일 수 있는 장점이 있다.

유 의 점

  볏짚토막의 상하 굵기를 균일하게 하고 수분조절을 균일하게 하는 것이 중요하다.

1) 볏짚 다발
2) 볏짚 토막
3) 볏짚 토막

하우스 균상재배

방 법

일반적으로 농가에서 많이 하는 재배 형태로써 비닐 하우스 간이 재배사에서 볏짚, 폐면 등을 배지 원료로 하여 입상, 살균, 종균접종, 배양, 생육 등을 재배사 한곳에서 모두 재배하는 형태이다. 병 재배, 상자 재배 등 시설재배는 배합기, 입병기, 살균솥, 접종기, 균긁기, 탈병기 등 많은 시설이 필요하나 간이하우스재배는 한 곳에서 모든 것을 처리하므로 투자비가 적게 드는 장점이 있으나 살균 불량, 잡균 오염 등 실패 위험이 높은 것이 단점이다. 재배형태는 균상의 형태에 따라 사진 1)과 같이 평면균상과 사진 2)와 같은 A형균상이 있다.

1) 평상 재배
2) A형 재배

유의 점

시설비가 적게 드는 간이 비닐하우스 재배사에서 재배를 하되 성공적인 재배를 위해서는 살균을 철저하게 할 수 있는 살균시설과 운반이 용이한 재배상자 등을 이용한 시설재배와 간이재배의 혼합형태를 취하는 것이 바람직하다.

볏짚재배와 포트재배의 비교

방법

사진의 왼쪽은 볏짚배지이고 오른쪽은 포트배지이다. 포트배지는 조성된 배지(볏짚, 톱밥, 폐면, 밀짚 등)를 압축하여 성형한 것으로써 살균 후 종균을 접종하고 배양하여 생육실에 옮긴 후 버섯을 재배하는 형태는 마찬가지이지만 배지를 압축 성형한 것이 다르다.

특 징

느타리 재배시에 많은 재배 공간이 필요하나 포트재배는 압축된 배지에서 자라므로 많은 공간이 필요없으며 배양실과 생육실을 구분하여 연중 계속 재배할 수 있는 장점이 있다.

팽이 버섯 기르기

팽이버섯 재배

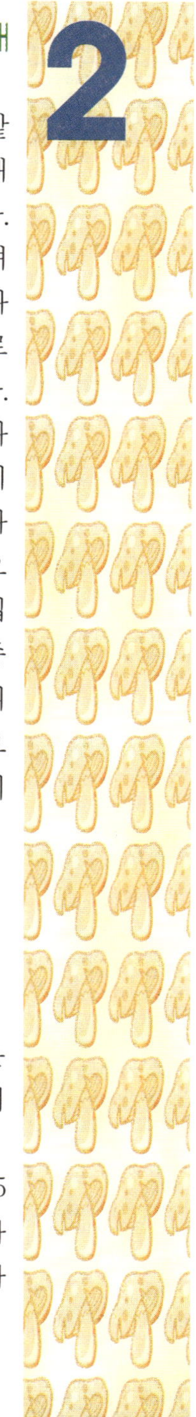

팽이(*Flammulina velutipes*)는 외형이 콩나물과 같다고 하여 일명 콩나물 버섯이라고도 부르며 최근 재배가 급속히 확산되어 소비가 급속히 증가하고 있다. 분류학적으로는 송이과(*Tricholomataceae*)에 속하며 팽나무에 주로 자란다고 하여 팽이버섯이라고도 하나 느티나무, 뽕나무, 감나무 등의 죽은 나무에 다발로 발생하고 세계적으로 고루 분포되어 있는 버섯이다. 버섯의 발생 온도가 4~10℃로 비교적 낮아 우리 나라에서는 11월에서 이듬해 3월까지 발생하며 최근에는 인공재배가 활발한 버섯이다. 일본에서는 우리 나라보다 훨씬 이전에 에노끼다께라는 이름으로 대량으로 재배되어 이용되고 있다. 인공재배는 배지조성, 입병, 살균, 냉각, 종균접종, 배양, 발이, 고르기, 억제, 종이 씌우기, 생육, 종이 벗기기, 수확, 포장, 출하 등의 과정을 거치게 되며 모든 과정 하나하나가 매우 중요하므로 각 과정별로 꼭 점검하고 지켜야 할 주의점에 각별한 주의가 필요하다.

1. 재배환경

1) 온도

온도는 크게 균사배양 온도와 버섯발생 온도, 억제온도, 생육온도 등 4단계로 나눌 수 있으며 각 온도 처리에 따라서 최저, 최적, 최고 온도의 범위로 나눈다.

① 균사배양온도 : 균사생육 온도 범위는 최저 4~5℃까지이며 배양실의 최적온도는 20~25℃이나 균사 배양시 균의 호흡량에 따라 배양실 온도가

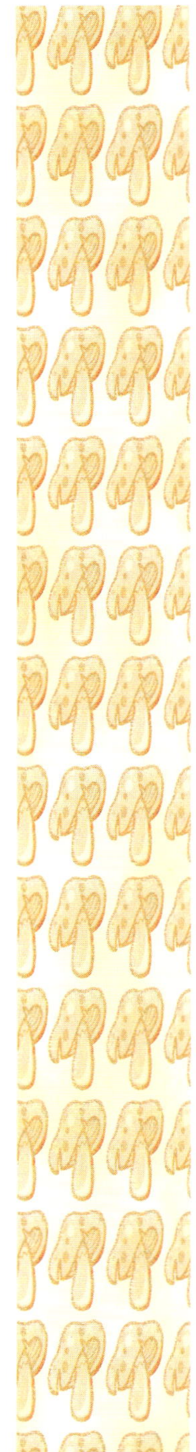

2~6℃ 상승하므로 배양 적온보다 낮게 관리한
다.

② 발이온도 : 발이실 최적온도는 12~15℃로써 발
이온도가 적온보다 높거나 낮으면 발이 기간이
길어지고 대가 짧아지며 갓이 커져 정상적인 품
질을 생산할 수 없다.

③ 억제온도 : 억제실은 4~5℃로써 발이실에서 불
규칙하게 형성된 발이 상태를 재배 병입구 전체
에 균일하게 발생되도록 한다.

④ 생육온도 : 생육실 최적온도는 7~8℃로써 버섯
의 대 길이가 11~12cm, 갓 직경이 1cm 내외로
정상적인 품질을 생육시킨다.

2) 습도

배양실내 실내습도는 65~70%, 발이실은 90~95%, 억
제실은 80~85%, 생육실은 70~75%가 가장 적합하다.

3) 산도

배지 최적산도는 6.0이며 이보다 낮거나 높으면 균
사배양 기간이 길어지거나 또는 정지된다.

4) 환기

각 단계별 CO_2농도는 배양실이 3,000~4,000ppm, 발
이실 및 억제실은 1,000~1,500ppm, 생육실은 2,500~
3,000ppm이 가장 적합하다.

5) 광

자실체 생육시 100~500룩스의 산광이 필요하지만
직사광선을 장시간 쬐면 죽어 버린다. 억제시 백색 형

광등으로 1일 2시간을 24시간으로 나누어 순간 순간 광을 비추어 준다.

2. 병 재배

1) 배지 재료

① 톱밥은 3~6개월 전에 구입하여 야외에서 물을 주어 가면서 1개월에 한번씩 뒤집기를 한다. 톱밥종류는 미송이 적합하며 퇴적장소는 콘크리트 바닥이 좋으며 배수가 잘 되어 저해물질이 잘 빠지도록 한다. 톱밥입자의 크기 및 분포는 0.8㎜이하가 20%, 0.8~1.6㎜가 58%, 1.6㎜이상의 입자가 22%정도가 되도록 한다. 오랫동안 퇴적된 하층 부분은 균사생장 저해물질이 많이 집적되기 때문에 사용하지 않는다.

② 쌀겨는 13%정도의 조단백질 및 조지방을 함유하고 있으므로 톱밥에 20%(부피기준) 정도 첨가하는 영양분 공급원이다. 쌀겨에는 지방 함유량이 많아서 장시간 보관할 때 신선한 냉암소에 저장하고 사용하여야 한다.

③ 밀기울도 영양분 공급원으로 사용하며 쌀겨의 양과 조절하여 사용한다.

2) 배지조성

발효된 톱밥을 3~4mm 체로 쳐서 불순물을 걸러낸 후에 첨가제와 혼합시킨 후 물을 뿌려가면서 수분을 63~64%로 맞춘다. 톱밥은 수분을 맞춘 후 10시간 이상 방치하게 되면 변질하게 되므로 즉시 사용하는 것이 좋다.

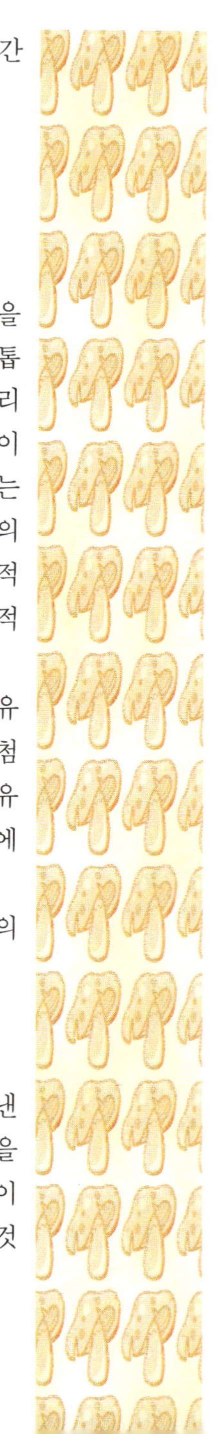

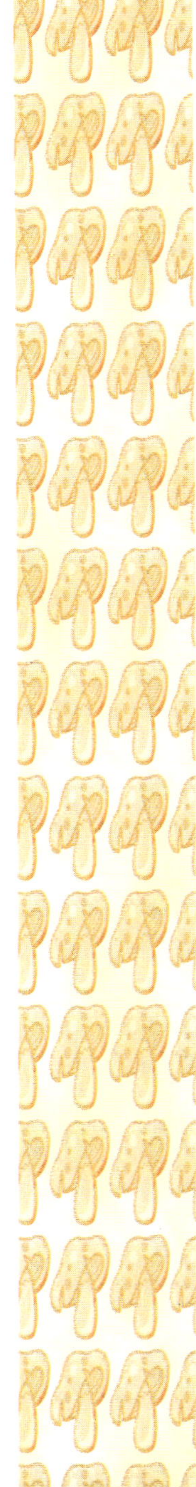

3) 입병

　배합된 톱밥을 재배병에 넣는 것을 말하며 병의 크기가 850cc면 배합된 톱밥은 510~530g이 들어가야 최적이다.

4) 배지살균

　입병이 끝난 배지는 바로 살균기에 넣은 후 문을 닫는다. 살균기의 배기 밸브를 약간만 개방한 상태에서 보일러를 점화시킨다. 살균기 내의 온도가 98~100℃에 도달하면 30~40분간 배기 밸브를 많이 개방하여 병 내의 온도를 균일하게 만든다. 121℃에서 30분 살균한 후 60~90분에 걸쳐서 서서히 배기를 실시하면서 문은 약간만 열어 증기를 뺀다. 그후 살균기 내의 증기를 완전히 빼낸 후에 문을 완전히 개방한다. 살균이 끝난 병을 살균기에서 바로 꺼내면 갑자기 밖의 찬 공기와 부딪쳐 응결수가 생기게 되므로 살균기의 문을 서서히 열어서 수증기를 빼낸 후 청결한 냉각실에서 꺼내어 식혀 주어야 한다.

5) 종균접종

　접종작업은 병 내의 온도가 15~20℃에 이르면 실시하고 강력한 공기의 유동이 없이 정지 상태에서 실시하는 것이 좋다. 접종량은 병원균의 침입과 배지표면의 건조를 방지하기 위하여 표면 전체를 덮도록 한다. 접종원 1병당 재배 배지 40~50병을 접종할 수 있다. 접종원의 병 표면 입구에 묵은 접종원을 제거시킨 후 입구의 소독을 철저히 한다.

6) 배양

배양 초기에는 17~18℃로 유지하고 균이 약 3cm정도 뻗었을 때 16℃로 낮추어 유지한다. 배양실의 공중 습도는 65~75%정도가 적당하나 배지 표면의 건조에 따라 조정한다. 환기는 방법에 따라 횟수 및 시간을 정해야 하며 1일 3회 정도는 완전히 공기를 바꾸어 주어야 한다. 배양실에서의 1평당 수용가능한 배지병의 양은 평당 1,200~1,400병(천정 높이 3m)이 적당하다.

7) 균긁기

균긁기는 균사가 90%이상 자랐거나 병의 가운데 부위가 거의 다 자랐을 때 실시한다. 이보다 늦게 하면 균이 노화되어 잡균에 대한 저항력이 약해진다. 균긁기의 정도는 원종균이 남지 않을 정도로 하고 너무 강하게 문지르지 않도록 한다.

8) 버섯 발생

실내온도는 13~15℃로 하고 습도는 85~95%가 되도록 한다. 실내 습도가 80%미만이 되면 배지의 표면이 건조되어 버섯 발생이 지연된다. 이때부터 8~12일 동안은 간접광선이 필요하며 환기도 많이 시켜야 한다. 온도가 12℃이하에서는 버섯발생이 불규칙하고 수량이 감소된다.

9) 버섯 생장 억제 조절

① **억제 조절 방법** : 억제시기는 버섯의 크기가 7~8 mm정도 자랐을 때 실시한다. 억제 방법은 바람에 의할 수도 있으나 광에 의한 억제가 효과

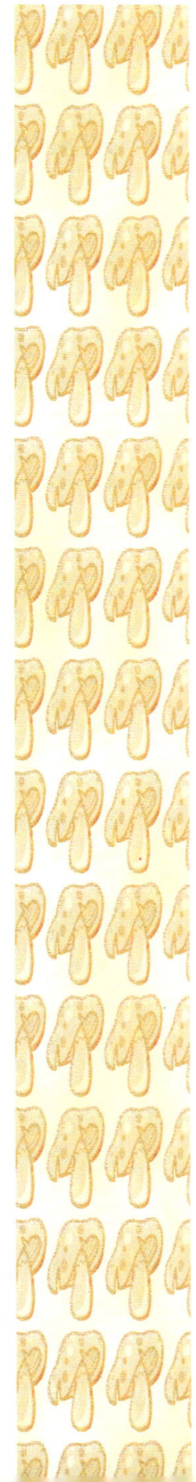

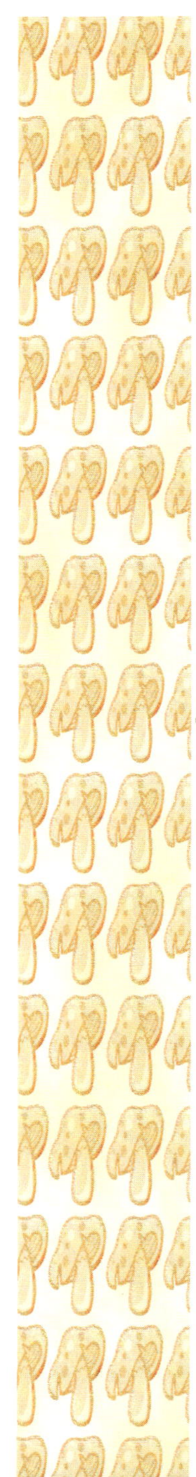

적이다. 억제가 잘된 버섯은 갓이 충실하게 자라고 대의 길이가 병 전체에서 고르게 자란 것을 말한다. 억제시 강한 바람은 피해야 하고 작은 버섯을 일찍 억제하게 되면 버섯이 사멸하게 된다.

② **고르기** : 재배사의 온도를 7~9℃의 저온과 실내 습도를 85~90%로 2~3일 정도 유지하여 버섯이 고르게 자라도록 한다. 실내의 탄산가스 농도를 1,000ppm이하를 목표로 하지만 갓이 너무 크게 되면 농도를 이보다 약간 높게 유지한다. 버섯이 발이되면 고르기 조건을 맞추는 시기는 버섯 크기가 4~5mm정도 자랐을 때 실시한다. 이후에는 온도를 4~6℃, 습도를 80~85%로 하여 6~7일 정도 유지시킨다.

10) 생육실 관리

① 생육 최적 온도는 4~7℃가 가장 좋으며 이보다 온도가 높으면 생장이 촉진되어 수확까지의 일수는 단축되지만, 줄기 부분의 색깔이 변하고 상품가치가 낮아지게 된다.

② 생육실 환기는 갓 생장과 줄기의 신장, 기형버섯 발생 등과도 관계가 깊다. 갓 표면의 수분은 쉽게 날아가는 성질이 있기 때문에 생육실로 이동직후 혹은 봉지 씌우기 직후에 바람을 많이 주면 갓은 건조되어 흰색을 많이 띠게 된다.

③ 봉지 씌우기는 생육실에서 버섯이 20mm정도 자랐을 때 실시하여 품질을 향상시키고 버섯모양이 균일하도록 하여야 한다. 사용되는 봉지는 흡습성이 있어 습기 유지가 적당히 되는 것이 좋다.

11) 수확

버섯의 생육이 진전되어 갓의 직경이 8~13mm정도
가 되면 씌워 두었던 봉지를 빼내면서 손으로 잡아서
옆으로 뽑아내야 한다. 수확한 버섯은 100g봉지에 넣
어 진공포장한다.

[참고 문헌]

- 새로운 버섯 재배기술. 1995. 농촌진흥청
- 古川久彦 (1992) : 버섯학, 공립출판 주식회사
- 일본농촌문화사(1991) : 버섯의 기초과학과 최신기술
- 차동열(1989) : 최신버섯 재배기술, 농진회

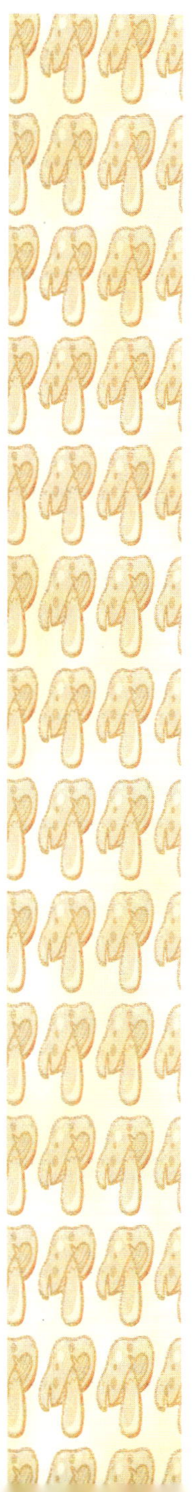

팽이버섯 원형질

사진은 팽이버섯의 원형질 모습이다. 일반적으로 신품종을 육종하려면 단포자 교배, 원형질 융합, 물리적 화학적 방법에 의한 돌연변이 유도, DNA를 이용한 유전자 재조합 등의 기술이 이용되는데 그중 자주 이용되는 원형질 융합에 사용하기 위하여 세포막을 제거한 원형질의 모습이다.

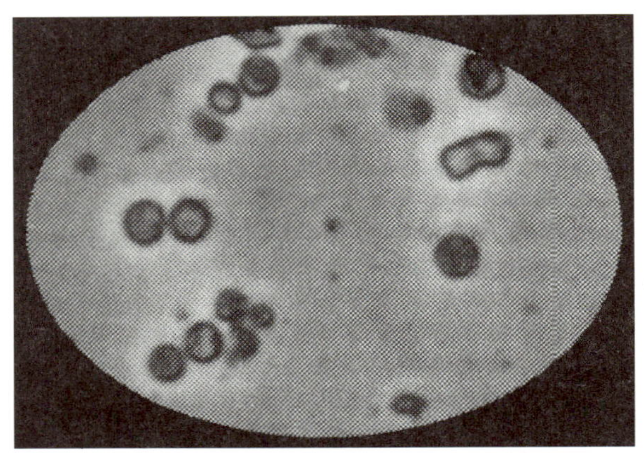

팽이 품종 비교

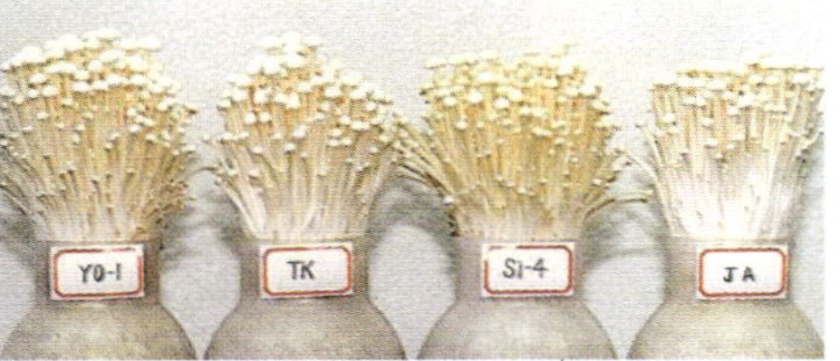

사진의 품종은 일본에서 재배되는 일본 품종이지만 국내에서도 많은 농가가 재배하고 있는 품종이며 수량성과 상품성은 사진에서 보는 바와 같다.

종균의 품질

종균 접종은 투명한 유리병이 제일 좋으며 부득이 P.T.병을 사용할 경우도 투명하여 속이 들여다보이는 것으로 하는 것이 좋다. 그리고 자가 배양 종균보다는 신용있는 종균회사로부터 구입하여 사용하는 것이 좋으나 자가 배양 종균을 사용할 경우는 접종원을 접종한지 10일 정도 지나서 잡균에 오염되지 않았다고 확신할 수 있는 것만 골라서 사용한다. 어떤 종균이든 활력이 좋은 종균을 사용해야 하며 사진과 같이 사용기간이 지나서 싹이 난 종균은 사용하면 안 된다.

요 점

신용있는 종균회사로부터 종균을 공급받는 것이 제일 좋으며 부득이 자가 배양 종균을 사용할 경우는 오염되지 않은 활력있는 종균을 시기에 맞춰 사용하는 것이 중요하다.

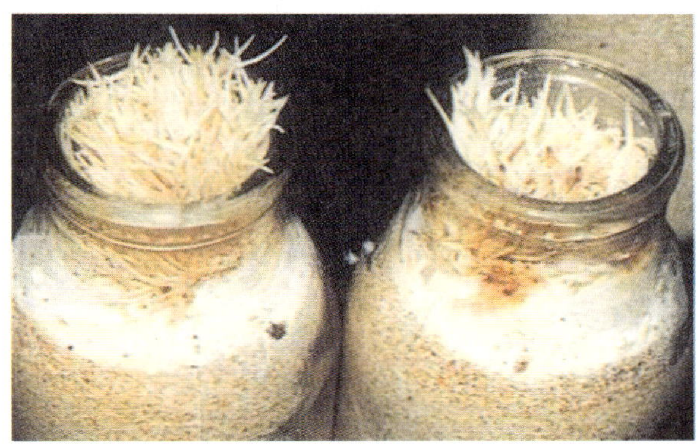

황금팽이

황금팽이는 팽이버섯에 일정한 빛을 계속 주면서 억제 및 종이 싸주기를 하지 않고 자연 상태 그대로 재배한 것이다. 따라서 대가 짧고 갓이 커서 상품성은 떨어지지만 그 나름대로 하나의 상품으로 개발하면 색이 예쁘고 맛과 향이 좋으며 재배하는데 많은 시설이 필요없어 재배하기가 수월하다. 새로운 수요를 창출하기만 하면 좋은 품목으로 각광받을 것이다.

배지의 충진과 접종구

팽이 재배에서는 잘 조성된 배지라도 병당 넣는 배지의 양이 매우 중요하다. 배지는 850cc병에 550~600g정도 입병을 하며 배지를 넣은 후 재배병의 어깨에 공간이 생기지 않도록 충진을 잘 하고 배지 한가운데에 구멍을 뚫는데 구멍이 무너지지 않도록 한다. 만일 구멍이 메꿔지면 종균접종이 상부에만 이루어져 균사 활착이 늦고 배양 중에 버섯 균의 흐흡에 지장을 주어 균사생장에 지장을 준다. 그리고 충진이 불량하여 병 어깨에 공간이 생기면 발이 불량으로 수확량이 적어지는 원인이 된다.

배지의 살균정도

원인 및 증상

사진 1)의 우측의 것은 곧바로 살균을 한 것으로 정상적인 것이며 좌측에 배지의 색이 진한 것은 입병 후 2~3시간 늦게 살균한 것으로써 방치한 시간 중에 발효가 일어나 배지가 갈변했으며 수확량의 감소 원인이 된다. 그리고 살균에는 상압살균과 고압살균이 있는데 상압살균은 배지의 온도가 100℃가 되었을 때부터 4시간 정도하며 고압살균은 121℃에서 40~50분 정도 해주면 된다. 사진 2)는 살균 후 급속히 냉각하면서 병 내부의 압력이 낮아져서 병의 외형에 변형이 일어난 경우로써 이때에 외부로부터 병 내부로 공기가 빨려 들어가게 되는데 잡균이 함께 빨려 들어갈 수 있으므로 주의해야 한다.

대 책

배지조성 후 방치하지 말고 곧 입병하여 살균하는 것이 좋으며 살균 후 천천히 냉각하여 병의 내외압의 평형을 유지하는 것이 필요하다.

1) 살균전 방치 시간에 따른 배지색의 변화
2) 재배 병 외형의 변형

종균 접종 방법

원인 및 증상

　종균 접종량은 사진 1)의 오른쪽의 것처럼 표면을 고르게 덮는 것이 좋으며 왼쪽의 것은 종균의 양이 부족한 경우이다. 850cc병의 경우 약 10g정도 접종하면 무난하다. 사진 2)는 종균이 표면을 고르게 덮지 못하고 한쪽으로 치우친 경우인데 이는 균사활착이 균일하지 못하게 되고 잡균의 침입시에 배지를 보호하기 힘들며 배지 표면이 건조할 때도 도움이 되지 않아 결과적으로 수확량의 감소를 초래할 수 있다.

1) 종균의 접종량
2) 접종 요령

대 책

　종균은 자가 배양 종균보다는 신용있는 종균회사로부터 구입하여 사용하는 것이 좋으나 자가 배양 종균을 사용할 경우는 접종원을 접종한 지 10일 정도 지나서 잡균에 오염되지 않았다고 확신할 수 있는 것만 골라서 사용한다. 또한 어떤 종균이든 활력이 좋은 종균을 사용해야 하며 사진 1)의 오른쪽과 같이 적당량의 종균을 표면에 골고루 접종하고 한쪽으로 치우치지 않도록 하여 배지 표면의 건조와 잡균의 침입을 보호하고 고른 균사배양을 유도하도록 한다.

배양 초기의 관리

원인 및 증상

정상적으로 균사가 배양되고 종균 접종 후 10～15일이 지나면 사진 1)과 같이 표면에서 20～25㎜정도 자라며 종균 접종구를 통해 자란 균사가 직경 약 30㎜정도로 둥그렇게 바닥에 보인다. 물론 품종과 온도에 따라 다르지만 주로 우리 농가에서 재배하는 일본계의 TK, M-50, JA 등이 그러하다.

대 책

주로 우리 농가에서 재배하는 일본계의 TK, M-50, JA 등은 18～20℃의 온도에도 고온장애가 올 수 있으므로 저온배양하는 것이 필요하다. 그리고 소량일 때는 괜찮지만 대량으로 배양을 할 때는 콘테이너를 적당히 띄워서 배양으로 인한 자체 발열로 고온장애가 오지 않도록 각별한 주의가 요구된다.

1) 배양초기에 바닥에 비친 균사
2) 표면의 균사 배양정도

배양 중 후기의 관리

가운데 접종구가 잘 뚫려서 접종구에 잘 접종된 것은 병 밑부분에서부터 균사가 보이다가 얼마간 시간이 지나면 균사가 급속히 전체에 만연하게 된다. 종균 접종 후 20~23일이 지나면 배양이 완료된다. 따라서 접종구가 막히지 않도록 관리에 주의하여 균사 활착이 신속하고 균일하게 이루어지도록 하여 균사의 활력이 좋을 때 원기 형성을 유도하는 것이 다수확의 길이다.

세균이 오염된 균사의 생장

원인 및 증상

사진에서 오른쪽의 것은 정상적으로 균사가
자라는 것이며 접종한지 10일 정도된 것이다.
왼쪽의 것은 *Basillus sp.*가 오염된 것이며 균
사의 끝부분이 끊어진 듯하며 균사생장이 멈추
게 된다. 배양 중 이러한 것은 신속하게 제거하
며 그대로 두면 수확량도 감소한다. 오염된 종
균이 문제가 된다.

대 책

접종 도구의 철저한 소독과 살균온도 및 시
간 등을 정확히 맞춘다. 그리고 살균, 냉각, 종
균접종, 균사배양 중에 세균 및 잡균의 혼입을
방제하며 특히 오염된 종균을 사용하지 않는
것이 중요하다. 그리고 배양실의 온도가 너무
높지 않도록 여름철 관리가 중요하다.

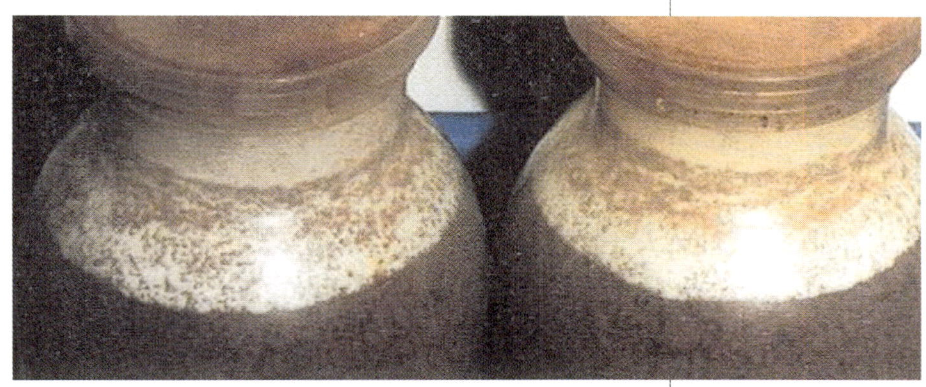

배양 중의 세균 오염

원인 및 증상

　사진에서 오른쪽의 것은 정상적으로 균사가 하얗고 강하게 자란 것이고 왼쪽의 것은 세균이 오염된 것이며 배양된 균사의 색이 톱밥 본래의 색으로 균사가 희미하고 약하게 배양되었다. 배양 중 이러한 것은 신속하게 제거하며 그대로 두면 수확량도 감소한다. 오염된 종균을 사용하거나 살균, 냉각, 종균접종, 균사배양 중에 세균 및 잡균의 혼입이 원인이다.

대 책

　접종 도구의 철저한 소독과 살균온도 및 시간 등을 정확히 맞춘다. 그리고 살균, 냉각, 종균접종, 균사배양 중에 세균 및 잡균의 혼입을 방제하며 특히 오염된 종균을 사용하지 않는 것이 중요하다. 그리고 태양실의 온도가 너무 높지 않도록 여름철 관리가 중요하다.

곰팡이 오염

원인 및 증상

사진 1)의 왼쪽은 정상이고 오른쪽은 푸른곰팡이가 오염되었으나 팽이 균사가 이를 덮은 상태로써 팽이 균사와 곰팡이 균사 사이에 길항관계로 경계가 있음을 알 수 있다. 사진 2)도 왼쪽은 정상이고 오른쪽은 검정곰팡이가 오염되었으나 팽이 균사가 이를 덮은 상태이고 사진 3)은 푸른곰팡이 중 트리코데르마에 오염되었을 때의 여러 가지 경우이다. 배양 중에 적색, 녹색, 흑색, 갈색 등의 곰팡이를 발견할 수 있으며 이들 곰팡이 오염은 대부분 주변 환경이 불량하여 감염된다.

대 책

폐상 후 탈병된 배지는 신속히 처리하여 재배사 주변의 환경이 나빠지지 않도록 주의하며 각종 작업도구 및 작업자의 위생관리를 철저히 하고 철저한 살균과 냉각실, 종균 접종실, 배양실은 무균화하여 곰팡이가 침입하지 못하도록 각별한 주의를 하는 것이 필요하다.

1) 푸른곰팡이
2) 검정곰팡이
3) 트리코데르마 곰팡이

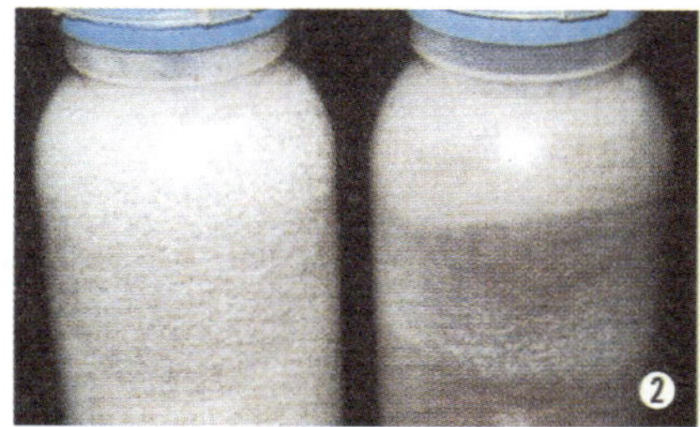

기균사의 발생

원인 및 증상

균긁기 후 5~7일경에 사진과 같이 기균사가 생기는 것은 세균의 오염이 아니라 배지 표면이 건조하거나 발이실의 온도가 배양실과 같으면 균긁기 후 재생 균사가 자라 나타나는 현상이다. 이같은 현상은 발이가 지연되거나 발이가 되지 않아 균사배양을 잘 하고도 재배에 실패하는 경우가 된다. 또한 발이가 되어도 기형버섯의 원인이 되므로 주의한다.

대 책

발이실의 온도, 습도, 환기를 적정하게 우지하는 것이 필요하다. 특히 기균사가 생기면 초기에는 습도를 90~95%로 유지시켜 개선한다.

균긁기 시기와 방법

원인 및 증상

사진 1)과 같이 배양이 완료되면 사진 2)와 같이 균긁기를 한다. 균긁기는 사진 2)와 같이 2가지가 있다. 왼쪽처럼 자연스럽게 표면의 균이 떨어지는대로 하는 경우와 오른쪽의 것처럼 칼날로 표면이 평평하게 하는 균긁기로 나눌 수가 있으며 어떤 방법이든 간에 접종된 종균을 전부 제거될 수 있도록 하며 만일 접종된 종균이 전부 균긁기를 통해 제거되지 않으면 원기 형성에 지장을 받아 균일한 원기 형성이 안되거나 원기 형성이 지연되어 수확량의 감소를 초래한다.

1) 균긁기 시기
2) 균긁기 방법

대 책

오염된 것은 균긁기 전에 모두 제거하여 균긁기 기계를 통해 해균이 전염되지 않도록 해야하며 균긁기 전에 기계는 화염 소독을 실시하여 기계를 통한 해균의 전염을 방제한다.

발이과정

원인 및 증상

사진 1)은 균긁기 3일 후의 균긁기로 상처가 났던 균사가 회복된 모습이며 이때는 습도만 유지하여 균긁기로 상처가 났던 균사가 신속히 회복하도록 하며 일단 균사가 회복되면 이때부터는 온도를 낮추어 발이를 유도한다. 사진 2)는 7일 후의 모습으로 원기가 형성된 것이며 사진 3)은 10일 후의 것으로 가지가 분화된 모습이다.

대 책

바람에 건조하지 않도록 주의하며 특히 냉동기의 쿨러에 의한 바람은 해로우므로 자연 대류식 냉방이 좋다. 또한 버섯이 자라면서 탄산가스가 많이 생성되므로 탄산가스 장애가 오지 않도록 환기를 해주며 1일 2~3회 정도 병 입구 주변에 강한 바람을 잠깐 불어주면 효과적이다.

1) 균긁기
   3일 후
2) 균긁기
   7일 후
3) 균긁기
   10일 후

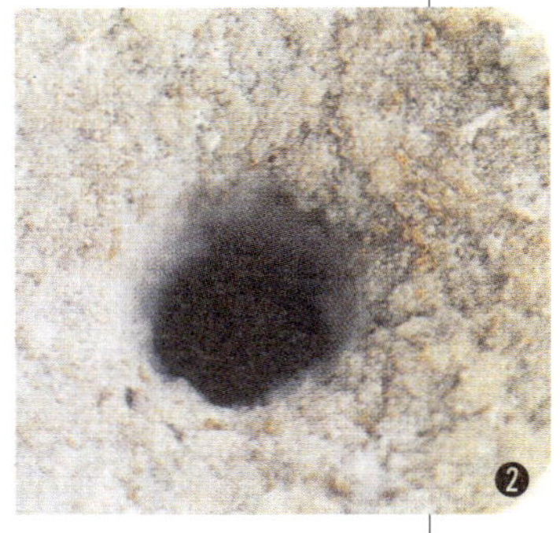

발이불량

원인 및 증상

사진과 같이 발이가 전혀 되지 않거나 부분적으로만 되는 경우가 있다. 이는 균사의 배양기간에 차이가 있거나 균사활착이 균일하지 않고 부분적으로 늦게 되었을 경우이다. 또한 표면이 건조하거나 해균이 오염되었을 때, 그리고 발이를 일찍 시켰거나 발이실의 환경이 나쁜데 원인이 있다.

대 책

균사의 배양기간이 같고 배양상태가 같은 것끼리 발이를 유도하고 배양기간을 잘 지키고 발이실의 온도, 습도 및 환기를 적합하게 해주어 발이 환경을 좋게 해준다. 그리고 모든 과정에서 해균의 오염을 원천적으로 방제하는 것이 중요하다.

세균오염

원인 및 증상

사진 1)은 세균이 오염되어 누런 반투명의 액체가 발이된 표면에 나타난 것이고 사진 2)의 위의 1열은 정상적으로 발이가 되어 자라는 것이고 밑의 2열은 세균에 오염된 것이다. 이는 배지조성, 살균, 냉각, 종균접종, 배양 등과 오염된 종균의 사용과 같은 모든 재배 과정 중에 세균이 오염되면 나타나는 증상으로 근본적인 치료가 되지 않는다.

대 책

각 과정에서 오염되지 않도록 각별히 주의하며 생육실의 습도를 조금 낮추어 주어 증상을 개선시키고 가습은 초음파 가습기같은 것으로 가능한 미세하게 허주어 자연상태에서의 공중습도와 같이 해주는 것이 좋다.

1) 세균이 오염된 것
2) 정상과 오염된 것의 비교

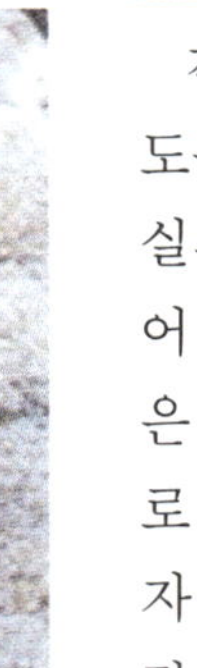

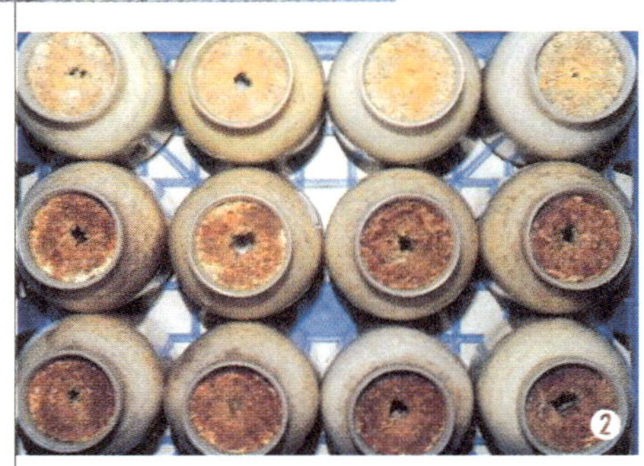

떨어진 조각에서 발이

원인 및 증상

사진과 같이 발이된 표면 위에 또 다른 발이된 덩어리가 있는 경우가 있다. 원인은 확실하지 않지만 균긁기 할 때에 센 공기압에 의해 생기는 경우와 급격한 온도와 습도의 변화로 나타날 수 있으며 발이된 조각이나 균덩이 조각이 떨어졌다가 다시 균사와 접합이 되어 영양을 공급받으면서 일어난다고 알려지고 있다. 이런 경우는 수확량이 감소하거나 생육기간이 지연되는 수가 있다.

대 책

균긁기 후 다시 한번 표면을 털어 주고 온도와 습도의 변화를 너무 급히 하지 않는 것이 좋다.

고르기

원인 및 증상

고르기는 발이실에서 발이된 버섯을 억제실로 옮겨 억제 과정에 들어가기 전에 고르기실에서 2~3일간 한다. 이는 상온에 가까운 발이실에서 억제실로 옮겨서 광이나 냉풍으로 억제를 하면 갑작스런 온도 및 환경의 변화로 어린 버섯이 적응하지 못하고 죽는 수가 있다.

대 책

고르기실은 7~8℃로 유지하며 이는 발이실과 억제실의 중간 정도의 온도로써 어린 버섯을 외부 환경 변화에 적응시키는 과정이다.

억제적기

방 법

억제는 먼저 자란 것과 나중에 자라는 버섯 대의 길이를 같게 해주며 갓의 개화 정도를 같게 하려고 실시하며 약 7일 정도 해준다. 억제실의 온도는 3~4℃, 습도는 85~90%, 탄산가스 농도는 1,000ppm이하로 유지한다.

주 의

백색계통의 품종은 억제 전에 충분히 고르기를 해 주어야 억제실에서 떨어진 온도를 잘 견디며 자란다. 만일 고르기를 충분히 하지 않으면 온도에 적응하지 못하여 생장이 정지하는 경우가 있다.

1) 고정식 광 억제
2) 이동식 광 억제
3) 이동식 풍 억제
4) 이동식 풍 억제

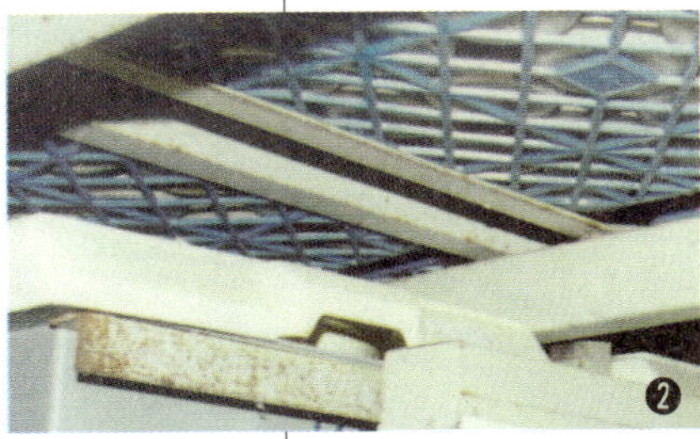

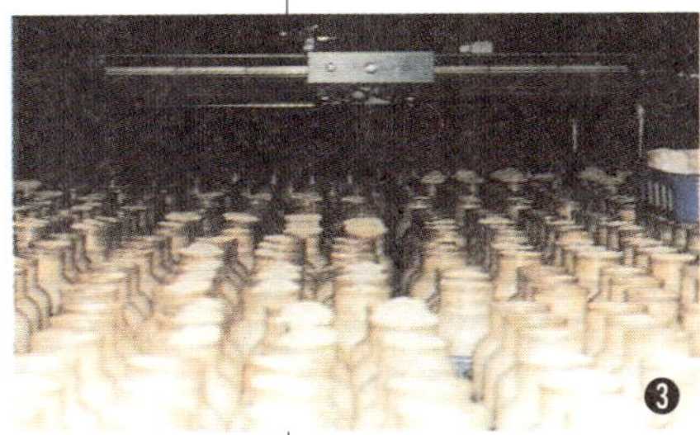

억 제

방 법

　팽이 재배에 있어서 억제는 매우 중요한 재배 과정 중의 하나이다. 그러한 억제는 빛으로 하는 광 억제와 바람으로 하는 풍 억제가 있다. 대개의 경우 품종에 따라 방법이 달라지며 팽이버섯 중에 M50 계통의 품종은 광으로 억제를 하는 대표적인 품종이다. 이는 사진 1)과 같이 고정으로 형광등을 설치하고 형광등을 일정 시간 켜 주었다가 꺼 주기를 반복하며 사진 2)는 형광등을 모터를 이용하여 앞뒤로 왕복 이동시켜 억제한다. 또한 풍 억제는 사진 3), 4)와 같이 휀을 일정하게 왕복하면서 바람을 표면에 불어 주어 억제를 한다. 이렇게 함으로써 팽이버섯의 생육이 균일해진다.

억제의 실패

원인 및 증상

사진 1)은 스포트 광으로 억제를 하여 버섯의 품질을 개선한 것이며 사진 2)는 억제를 하지 않은 것이고 사진 3)은 정상적으로 억제를 한 것(왼쪽)과 억제에 실패한 것(오른쪽)을 비교한 것이다.

대 책

억제는 바람과 빛으로 하는데 억제를 잘못하면 대의 길이와 갓의 크기가 일정하지 못하므로 적당한 억제를 위해서는 버섯의 성장과 모양을 관찰 하면서 억제 정도를 조절한다.

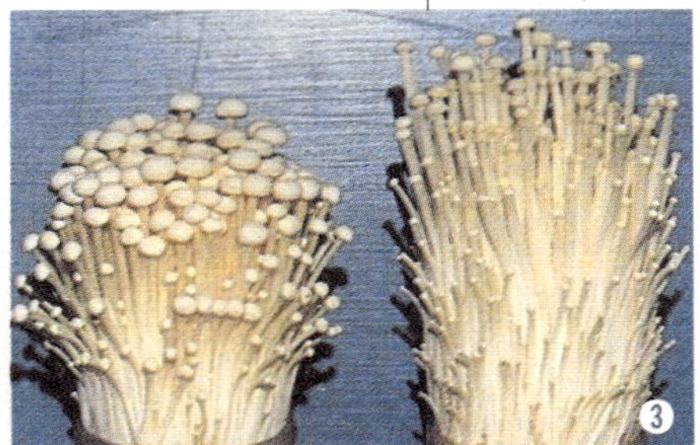

광 억제의 실패

원인 및 증상

원기 형성 후 얼마 되지 않은, 대의 길이가 2 cm이하인 어린 버섯에 일찍 광 억제를 하면 사진과 같이 버섯의 갓이 콩나물 시루의 콩처럼 갓이 피어 옆의 버섯 갓을 누르는 모양이 나쁜 품질의 버섯이 된다. 이러한 버섯은 품질이 나쁘고 호흡에 의한 탄산가스가 옆으로 나오지 못하고 신선한 공기가 공급되는 환기마저도 나쁘게 하여 수량의 감소를 초래한다.

대 책

빛으로 하는 억제는 너무 일찍 할 필요가 없으며 품종과 환경을 고려하여 억제의 시기와 조도 및 조사시간을 잘 맞추도록 하는 것이 중요하다.

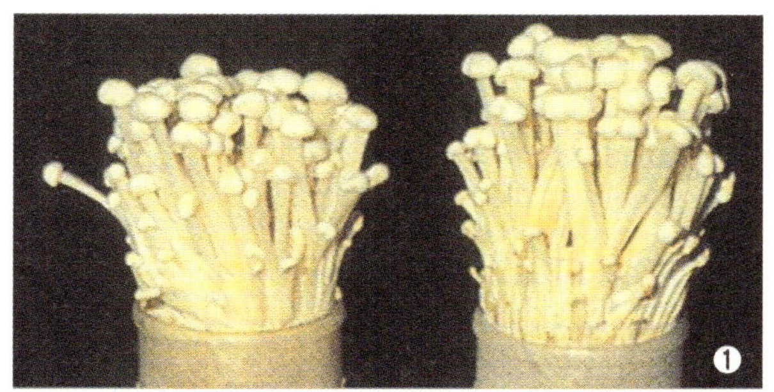

1) 갓과 대가
　　붙은 기형버섯
2) 갓 형성이
　　안된 버섯

기형버섯

원인 및 증상

　사진 1)과 같이 버섯의 갓이 2~3개가 붙은 기형버섯과 사진 2)와 같이 갓이 없는 버섯은 환기가 불량할 때 많이 나타나며 이후에도 정상적으로 자라지 못한다. 심할 경우는 갓이 아주 없는 침상의 버섯이 되는데 이런 것은 배지가 건조하거나 배양기간이 짧아 균사가 충분히 자라지 못하였을 때 그리고 종균이 노화되어 균의 활력이 떨어질 때 생긴다.

대　책

　활력있는 종균의 사용과 배양기간을 잘 지켜서 버섯 균이 배지의 영양을 충분히 이용하도록 해주며 억제를 할 때에도 품종에 맞는 적당한 억제시기와 최적의 온도와 습도를 유지한다.

생육 초기

방법

버섯이 병 입구에서 0.5~1㎝정도 자랐을 때 생육실로 옮기며 이때의 온도는 억제실보다 약간 높은 5~8℃정도로 맞추고 광은 억제실과 같은 정도로 해주어 다수확과 품질의 향상을 도모한다. 생육실에서의 광 처리는 버섯이 병 입구에서 2~3㎝자라서 종이를 씌울 때부터 수확할 때까지 하며 1일 15분 정도를 300LUX정도 해주는 방법과 종이를 씌울 때와 수확하기 2일전에 20~24시간을 계속해서 300LUX정도 광 처리를 해주는 방법이 있다.

주 의

광 처리시에 너무 과다하건 줄기, 갓의 색이 어두워지고 갓이 커지는 원인이 되어 품질이 저하되므로 늘 버섯을 관찰하면서 광 처리 정도를 조절한다.

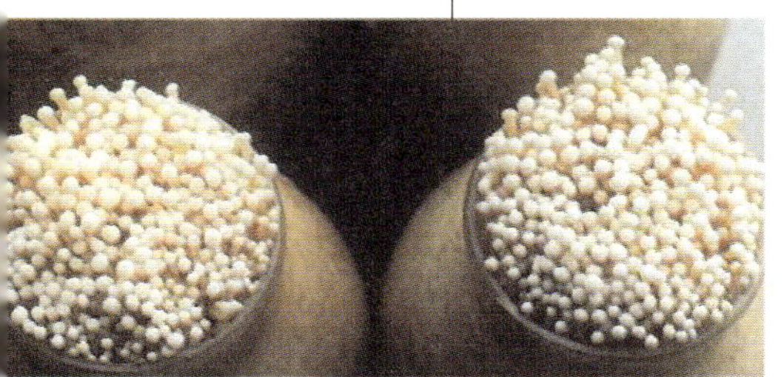

종이 씌우기

원인 및 증상

버섯이 3~4cm정도로 자랐을 때 종이 씌우기를 하며 종이 씌우기의 시기는 버섯의 생장 속도, 품질, 수량 등에 영향을 미치므로 시기를 잘 맞추는 것이 매우 중요하다. 그리고 갓의 크기와 대의 길이가 비슷한 것을 모아서 같은 시기에 종이 씌우기를 하는 것이 균일한 품질의 버섯을 수확시기를 같게 하여 수확할 수 있어 유리하다.

대 책

종이는 여러 가지 소재의 여러 형태가 있으므로 자신의 재배사의 특징과 잘 맞추어 선택하는 것이 중요하다. 예를 들면 비교적 건조한 재배사는 보습성이 좋은 것을 택하고 습한 곳이라면 종이에 미세한 구멍이 나있고 얇은 것을 택하여 통기성을 좋게 하는 것이 좋다.

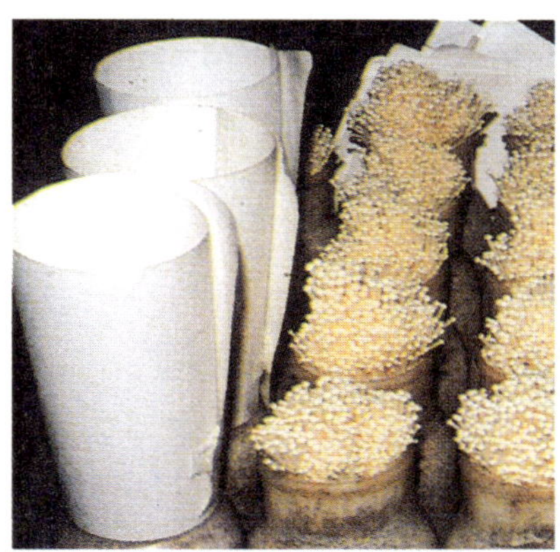

수확기의 수분제거

방 법

수확기의 팽이버섯은 너무 물기가 많으면 좋지 않고 상품의 품질도 떨어진다. 따라서 습도가 높은 재배사는 선풍기 등을 이용하여 실내의 습도를 조절하고 버섯 갓의 수분을 어느 정도 제거하여 상품성과 저장성을 높인다. 이로 인해 유통 중의 버섯이 황갈색으로 변색하고 품질이 나빠지는 것을 어느 정도 예방하고 유통기간을 연장할 수 있다.

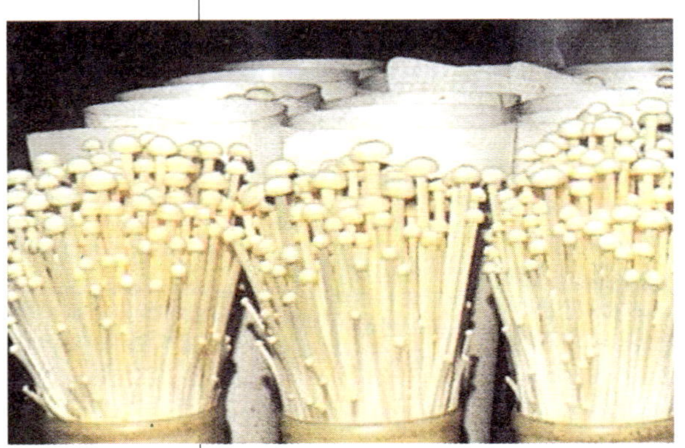

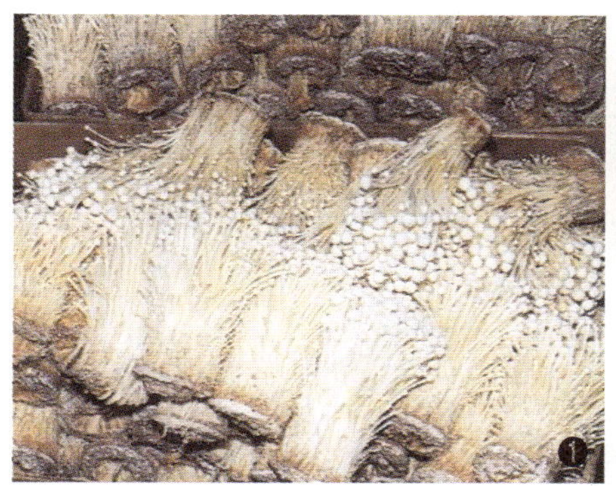

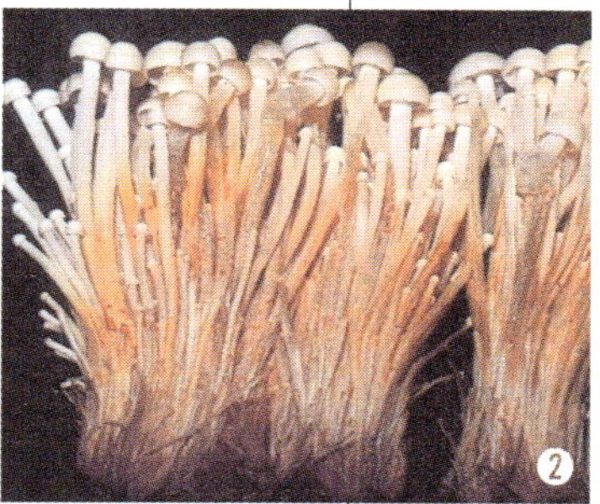

1) 색이 나쁜 팽이버섯
2) 수분 과다의 물버섯
3) 정상버섯과 물버섯의 혼재 상태

팽이버섯의 색과 품질

원인 및 증상

사진 1)은 색이 좋지 않은 버섯의 모습이며 사진 2)는 수분이 과다하여 물버섯이 된 상태로써 버섯의 색이 붉게 변해 있으며 사진 3)은 정상적인 버섯의 갓과 수분이 과다한 물버섯의 갓이 섞여 있는 상태이며 수분이 과다한 버섯은 색이 진하고 물기가 있어 보인다.

대 책

생육시에 실내 습도를 잘 맞춰 주고 수확기에는 약간 건조하게 해주어 버섯의 수분을 증발시켜준다.

뿌리 썩음병과 버섯 연부병

원 인

사진 2)는 수확기에 많이 발생하는 병으로써 세균에 의해 뿌리 부분이 썩거나 물러지는 병으로써 외관상으로는 잘 모르다가 수확 후 발견되는 수가 많으며 다발을 쪼개 보면 버섯의 대가 흑색으로 변하는 것이 있다. 사진 1)과 3)은 크라토포토리움이라는 사상균에 의해 버섯에 흰 곰팡이가 피어 버섯을 못 쓰게 만드는 일이 있는데 이는 대개가 과다한 습도와 통풍이 나쁘면 생긴다.

대 책

세균의 오염은 살균, 냉각, 종균접종, 배양, 균 긁기, 침수, 억제 등 모든 관리를 세균이 오염되지 않도록 각별히 주의하고 사상균의 오염은 최적의 실내 습도 유지관리와 환기가 매우 중요하다.

1) 위에서 본
   버섯 연부병
2) 뿌리 썩음병
3) 옆에서 본
   버섯 연부병

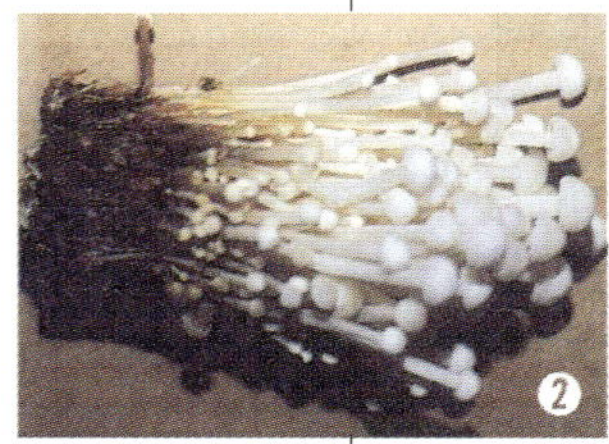

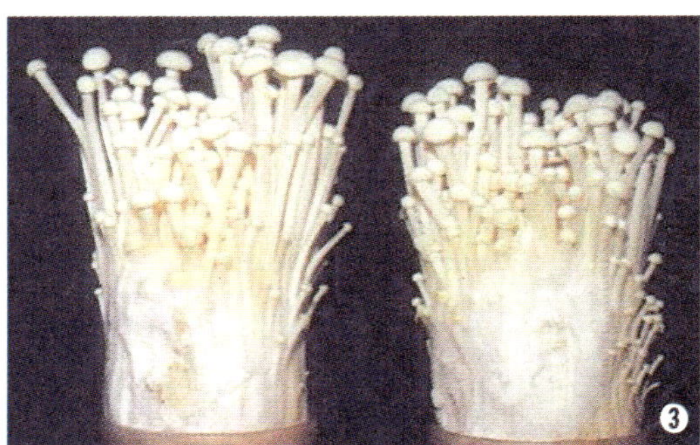

수확 시기

원인 및 증상

팽이버섯의 수확 적기는 대가 13~14cm정도가 되어 싸준 종이 위로 보일 정도가 좋다. 수확적기를 놓치면 갓이 피거나 대의 크기가 불규칙하여 상품가치가 떨어진다. 수확 후 100g씩 계량하여 포장하며 대개는 진공 포장을 하지만 PSP 그릇에 랩으로 포장할 때도 있으며 출하 때까지는 저온으로 보관한다.

대 책

진공 포장은 포장의 부피를 줄일 수 있고 저장 기간을 조금 연장할 수 있어 좋으나 진공이 풀리지 않도록 규격 포장재를 사용하고 랩 포장은 상처를 주지 않고 내용물이 들여다 보여 좋으나 유통기간이 짧은 경우에만 하는 것이 좋다. 계량은 출하 후의 자연 감량을 고려하여 약 5g정도 더하며 버섯에 상처가 생겨 포장 후 부패 및 변질되지 않도록 주의한다.

1) 수확 적기의 팽이
2) 수확기가 지난 팽이
3) 수확 적기의팽이
4) 팽이 랩포장

종이 벗기기와 수확

방 법

사진은 수확기가 된 팽이버섯에서 씌웠던 종이를 벗기고 버섯을 수확하는 모습이다. 대개는 진공 포장기로 100g씩 포장을 하며 경우에 따라서 200g씩 포장할 때도 있다. 또한 진공 포장이 아닌 랩으로 포장할 때도 있다. 포장된 버섯은 종이 상자에 20개 혹은 50개 단위로 포장하여 출하한다.

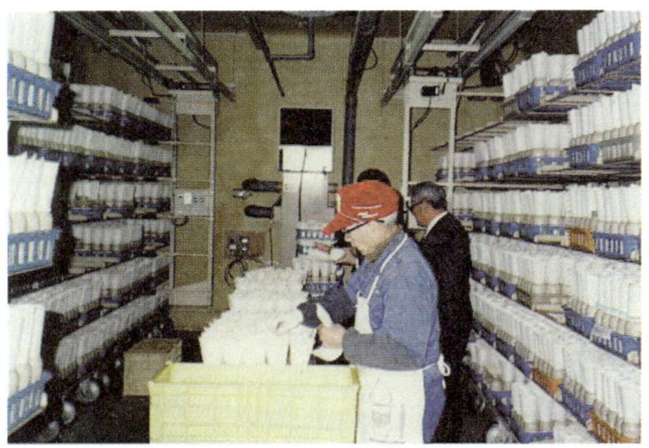

종이 벗기기와 수확

오성영농기술시리즈 13
다수확 딸기재배(수정증보판)

나우현 편저/ 461쪽

이 책은 우리나라를 비롯하여 세계 각국에서 소비량이 증가하고 있는 소득작물인 딸기에 대해 그동안의 시험연구 결과와 실제의 독농가 재배사례를 바탕으로 약간의 기초 이론과 재배기술 및 경영을 표준 기술 중심으로 알기 쉽게 편집하여 농과계의 학습자료 및 과학 영농을 실천하는 데 산 자료가 되도록 저술하였다. 따라서 이 책을 표준으로 하고 지도사의 지도를 받아 새 기술을 알맞게 적용 실천하기 바라며 영농인들의 좋은 지침서가 되기를 바란다.

친자연주의 텃밭채소재배(수정증보판)

유철성 편저/ 304쪽

　이 책은 농약이나 화학비료의 피해를 줄이고 안심하고 신선한 채소를 맘놓고 먹을 수 있도록 자연친화적인 채소재배법을 소개하고 있다. 기존의 '무농약 텃밭채소재배'에 시대에 맞는 여러 가지 재배법을 새롭게 추가했으며 비료의 사용법과 퇴비 만들기, 가정에서의 채소재배 기초지식 등 다양한 방법들이 제시되어 있다. 또한 잎채소 15종, 열매채소 12종, 잎줄기채소 5종, 뿌리채소 6종 등 모두 38가지 채소에 대하여 그림과 사진을 곁들여 초보자도 이해하기 쉽게 서술하였다.

마늘 · 파 · 양파(수정증보판)

나우현 저/ 440쪽

특용작물의 영농기술법을 오랫동안 연구해 온 저자의 산 경험을 바탕으로 농가소득을 위한 재배방법을 초보자도 알기 쉽도록 상세히 기술한 기존의 '최신 마늘·양파·파'에 새로운 내용을 더하여 다시 편집하였다. 마늘·파·양파를 토양, 기후, 품종에 따라 다량 수확할 수 있도록 하였으며 시각적 이해를 돕기 위하여 많은 화보와 각종 통계자료를 수록하여 영농후계자들에게 좋은 참고서적이 되도록 하였다.

59가지 야생초 보고서

임웅규, 편집부 저/ 191쪽

야생초가 식용으로서, 약용으로서 얼마나 유용하게 쓰이는가를 소개한 '식용·약용 야초'가 출간된지도 벌써 10년이란 세월이 흘렀다. 10년이란 세월 속에서 독자들의 꾸준한 지지를 받아온 이 책을 이번에 기존의 내용을 좀 더 쉽게 풀어쓰면서 야생초에 대한 여러 가지 유익한 정보와 야생초에 관한 에세이를 첨가하여 '59가지 야생초 보고서'로 재출간하게 되었다. 이 책을 통해 스스로 야생초를 채취하는 여유도 느끼고 가족들의 건강과 풍성한 식탁도 꾸며 보기 바란다.

판권본사소유

버섯 기르기

2018년 7월 5일 1판 2쇄 발행

저 자 : 이 은 관
발행인 : 김 중 영
발행처 : 오성출판사

서울시 영등포구 영등포 6가 147-7
TEL : (02) 2635-5667~8
FAX : (02) 835-5550

출판등록 : 1973년 3월 2일 제13-27호
http://www.osungbook.com